[Contents]

[Contents]

Java의 정석

제 2 장
변수(Variable)

1. 변수(Variable)란?

변하는 수?

하나의 값을 저장할 수 있는 기억공간

2. 변수의 타입(Data type)

값
- 문자 - char
- 숫자
  - 정수 - byte , short , int , long
  - 실수 - float , double

논리 - boolean

2. 변수의 타입(Data type)

▶ 기본형(Primitive type)

- 8개 (boolean, char, byte, short, int, long, float, double)
- 실제 값을 저장

▶ 참조형(Reference type)

- 기본형을 제외한 나머지(String, System 등)
- 객체의 주소를 저장(4 byte, 0x00000000~0xffffffff)

[참고] 64bit JVM의 경우, 참조형의 크기는 8 byte

7

기본형(Primitive type)

- ▶ **논리형** – true와 false중 하나를 값으로 갖으며, 조건식과 논리적 계산에 사용된다.
- ▶ **문자형** – 문자를 저장하는데 사용되며, 변수 당 하나의 문자만을 저장할 수 있다.
- ▶ **정수형** – 정수 값을 저장하는데 사용된다. 주로 사용하는 것은 int와 long이며, byte는 이진데이터를 다루는데 사용되며, short은 c언어와의 호환을 위해 추가되었다.
- ▶ **실수형** – 실수 값을 저장하는데 사용된다. float와 double이 있다.

크기 종류	1	2	4	8
논리형	boolean			
문자형		char		
정수형	byte	short	int	long
실수형			float	double

8

1 bit   8 bit = 1 byte

byte $-2^7 \sim 2^7-1$

S	7 bit

short $-2^{15} \sim 2^{15}-1$

S	15 bit

char $0 \sim 2^{16}-1$

16 bit

int $-2^{31} \sim 2^{31}-1$

S	31 bit

long $-2^{63} \sim 2^{63}-1$

S	63 bit

float   1+8+23=32 bit = 4 byte

S	E(8)	M(23)

double   1+11+52=64 bit = 8 byte

S	E(11)	M(52)

---

3. 변수의 선언방법

타입 변수명;

int score ;

score = 100;

int score = 100;

String str = new String("abc");
        str = null;

4. 명명규칙(Naming convention)

1. 대소문자가 구분되며 길이에 제한이 없다.
- True와 true는 서로 다른 것으로 간주된다.

2. 예약어(Reserved word)를 사용해서는 안 된다.
- true는 예약어라 사용할 수 없지만, True는 가능하다.

3. 숫자로 시작해서는 안 된다.
- top10은 허용하지만, 7up은 허용되지 않는다.

4. 특수문자는 '_'와 '$'만을 허용한다.
- $harp은 허용되지만 S#arp는 허용되지 않는다.

---

4. 명명규칙 - 권장사항

1. 클래스 이름의 첫 글자는 항상 대문자로 한다.
- 변수와 메서드 이름의 첫 글자는 항상 소문자로 한다.

2. 여러 단어 이름은 단어의 첫 글자를 대문자로 한다.
- lastIndexOf, StringBuffer

3. 상수의 이름은 대문자로 한다. 단어는 '_'로 구분한다.
- PI, MAX_NUMBER

5. 변수, 상수, 리터럴

▶ 변수(variable) – 하나의 값을 저장하기 위한 공간
▶ 상수(constant) – 한 번만 값을 저장할 수 있는 공간
▶ 리터럴(literal) – 그 자체로 값을 의미하는 것

```
        int score = 100;
            score = 200;
        char ch = 'A';
        String str = "abc";
        final int MAX = 100;
        MAX = 200; // 에러. 상수의 값은 변경불가
```

6. 리터럴과 접미사

```
boolean power = true;          long l = 10000000000L;
char ch = 'A';                 float f = 3.14f
char ch = '\u0041';            double d = 3.14d
char tab = '\t';               float f = 100f;
byte b = 127;                  10.   ⟶  10.0
short s = 32767;               .10   ⟶  0.10
int i = 100;                   10f   ⟶  10.0f
int oct = 0100;                3.14e3f ⟶ 3140.0f
int hex = 0x100;               1e1   ⟶  10.0
```

7. 변수의 기본값과 초기화

변수의 초기화 : 변수에 처음으로 값을 저장하는 것

* 지역변수는 사용되기 전에 반드시 초기화해주어야 한다.

자료형	기본값
boolean	false
char	'\u0000'
byte	0
short	0
int	0
long	0L
float	0.0f
double	0.0d 또는 0.0
참조형	null

boolean isGood = false;

char grade = ' '; // 공백

byte b = 0;

short s = 0;

int i = 0;

long l = 0;   // 0L로 자동변환

float f = 0;   // 0.0f로 자동변환

double d = 0; // 0.0으로 자동변환

String s1 = null;

String s2 = ""; // 빈 문자열

15

8. 문자와 문자열

char ch = 'A';

char ch = 'AB'; // 에러

String s1 = "AB";

char ch = ''; // 에러

String s1 = "";

String s1 = "A" + "B"; // "AB"

"" + 7 ⟶ "" + "7" ⟶ "7"

""+7+7 ⟶ "7"+7 ⟶ "7"+"7" ⟶ "77"

7+7+"" ⟶ 14+"" ⟶ "14"+"" ⟶ "14"

문자열 + any type ⟶ 문자열

any type + 문자열 ⟶ 문자열

16

9. 정수의 오버플로우(Overflow)

byte b = 127;   byte b = 128; //에러

b ++; // b에 저장된 값을 1증가

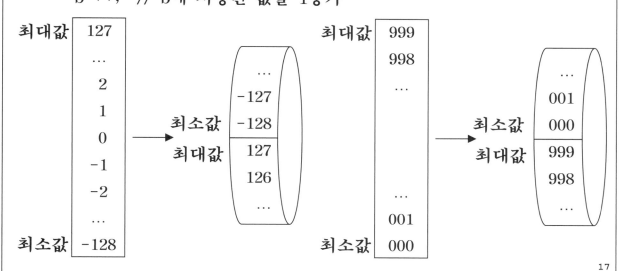

1. 부호가 없는 정수

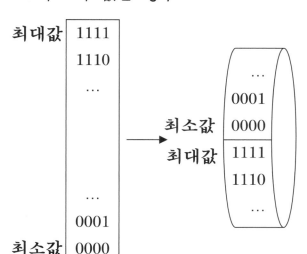

2. 부호가 있는 정수

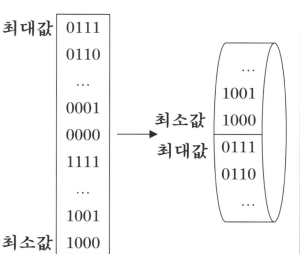

10. 형변환(Casting)

형변환이란?

- 값의 타입을 다른 타입으로 변환하는 것
- boolean을 제외한 7개의 기본형은 서로 형변환이 가능

$$float\ f\ =\ 1.6f;$$

$$int\ i\ =\ (int)f;$$

변 환	수 식	결 과
int → char	(char)65	'A'
char → int	(int)'A'	65
float → int	(int)1.6f	1
int → float	(float)10	10.0f

1. byte → int

byte b = 10;

int i =(int) b; // 생략가능

2. int → byte

int i2 = 300;

byte b2 = (byte) i2; // 생략불가

변환	2진수	10진수	값손실
int ↓ byte	0 0 0 0 0 0 0 0 0 0 0 0 0 0 0 0 0 0 0 0 0 0 0 0 0 0 0 0 1 0 1 0 0 0 0 0 1 0 1 0	10 10	없음
int ↓ byte	0 0 0 0 0 0 0 0 0 0 0 0 0 0 0 0 0 0 0 0 0 0 0 1 0 0 1 0 1 1 0 0 0 0 1 0 1 1 0 0	300 44	있음

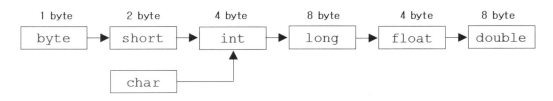

11. 형식화된 출력 – printf()

▶ println()의 단점 – 출력형식 지정불가

① 실수의 자리수 조절불가 – 소수점 n자리만 출력하려면?
```
System.out.println(10.0/3);   // 3.33333333...
```

② 10진수로만 출력된다. – 8진수, 16진수로 출력하려면?
```
System.out.println(0x1A); // 26
```

▶ printf()로 출력형식 지정가능
```
System.out.printf("%.2f", 10.0/3); // 3.33

System.out.printf("%d", 0x1A); // 26
System.out.printf("%X", 0x1A); // 1A
```

---

12. printf()의 지시자(1/3)

지시자	설명
%b	불리언(boolean) 형식으로 출력
%d	10진(decimal) 정수의 형식으로 출력
%o	8진(octal) 정수의 형식으로 출력
%x, %X	16진(hexa-decimal) 정수의 형식으로 출력
%f	부동 소수점(floating-point)의 형식으로 출력
%e, %E	지수(exponent) 표현식의 형식으로 출력
%c	문자(character)로 출력
%s	문자열(string)로 출력

```
System.out.printf("age:%d year:%d\n", 14, 2017);
```

```
"age:14 year:2017\n"이 화면에 출력된다.
```
```
System.out.printf("age:%d", age);      // 출력 후 줄바꿈을 하지 않는다.
System.out.printf("age:%d%n", age);    // 출력 후 줄바꿈을 한다.
```

12. printf()의 지시자(2/3)

① 정수를 10진수, 8진수, 16진수로 출력

```
System.out.printf("%d", 15);   // 15    10진수
System.out.printf("%o", 15);   // 17    8진수
System.out.printf("%x", 15);   // f     16진수
System.out.printf("%s", Integer.toBinaryString(15)); // 1111  2진수
```

② 8진수와 16진수에 접두사 붙이기

```
System.out.printf("%#o", 15);  // 017
System.out.printf("%#x", 15);  // 0xf
System.out.printf("%#X", 15);  // 0XF
```

③ 실수 출력을 위한 지시자 %f – 지수형식(%e), 간략한 형식(%g)

```
float f = 123.4567890f;
System.out.printf("%f", f);   // 123.456787     소수점아래 6자리
System.out.printf("%e", f);   // 1.234568e+02    지수형식

System.out.printf("%g", 123.456789);   // 123.457     간략한 형식
System.out.printf("%g", 0.00000001);   // 1.00000e-8   간략한 형식
```

12. printf()의 지시자(3/3)

```
System.out.printf("[%5d]%n", 10);    // [   10]
System.out.printf("[%-5d]%n", 10);   // [10   ]
System.out.printf("[%05d]%n", 10);   // [00010]
```

%전체자리.소수점아래자리 f

```
System.out.printf("d=%14.10f%n", d);  // 전체 14자리 중 소수점 아래 10자리
```

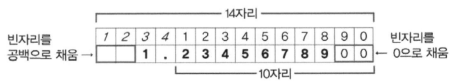

빈자리를 공백으로 채움 →

빈자리를 0으로 채움 ←

14자리

10자리

```
                                     // [12345678901234567890]
System.out.printf("[%s]%n",    url);  // [www.codechobo.com]
System.out.printf("[%20s]%n",  url);  // [   www.codechobo.com]
System.out.printf("[%-20s]%n", url);  // [www.codechobo.com   ]
System.out.printf("[%.8s]%n",  url);  // [www.code]
```

13. 화면에서 입력받기 – Scanner

▶ Scanner란?

- 화면으로부터 데이터를 입력받는 기능을 제공하는 클래스

▶ Scanner를 사용하려면...

① import문 추가

```
import java.util.*;
```

② Scanner객체의 생성

```
Scanner scanner = new Scanner(System.in);
```

③ Scanner객체를 사용

```
int num = scanner.nextInt(); // 화면에서 입력받은 정수를 num에 저장

String input = scanner.nextLine(); // 화면에서 입력받은 내용을 input에 저장
int num = Integer.parseInt(input); // 문자열(input)을 숫자(num)로 변환
```

= *Memo* =

Java의 정석

제 3 장
연산자(Operator)

---

1. 연산자(Operator)란?
2. 연산자의 종류
3. 연산자의 우선순위
4. 증감연산자(++,--)
5. 부호연산자(+,-)와 논리부정연산자(!)
6. 비트전환연산자(~)
7. 이항연산자의 특징
8. 나머지 연산자(%)
9. 쉬프트연산자(<<,>>,>>>)
10. 비교연산자(>,<,>=,<=,==,!=)

11. 비트연산자(&,|,^)
12. 논리연산자(&&,||)
13. 삼항연산자(? :)
14. 대입연산자(=,op=)

1. 연산자(Operator)란?

▶ 연산자(Operator)

- 어떠한 기능을 수행하는 기호(+,-,*,/ 등)

▶ 피연산자(Operand)

- 연산자의 작업 대상(변수,상수,리터럴,수식)

$$a + b$$

---

2. 연산자의 종류

▶ 단항 연산자 : + - (타입) ++ -- ~ !

▶ 이항 연산자 산술 : + - * / % << >> >>>
비교 : > < >= <= == !=
논리 : && || & ^ |

▶ 삼항 연산자 :   ? :

▶ 대입 연산자 :   =   op=

3. 연산자의 우선순위(1/4)

종 류	연산방향	연산자	우선순위
단항 연산자	←	++ -- + - ~ ! (타입)	높음
산술 연산자	→	* / %	
	→	+ -	
	→	<< >> >>>	
비교 연산자	→	< > <= >= instanceof	
	→	== !=	
논리 연산자	→	&	
	→	^	
	→	|	
	→	&&	
	→	||	
삼항 연산자	→	?:	
대입 연산자	←	= *= /= %= += -= <<= >>= >>>= &= ^= |=	낮음

[표3-1] 연산자의 종류와 우선순위

3. 연산자의 우선순위(2/4)

- 괄호의 우선순위가 제일 높다.
- 산술 > 비교 > 논리 > 대입
- 단항 > 이항 > 삼항
- 연산자의 연산 진행방향은 왼쪽에서 오른쪽(→)이다.
  단, 단항, 대입 연산자만 오른쪽에서 왼쪽(←)이다.

$$3 * 4 * 5 \qquad\qquad x = y = 3$$

3. 연산자의 우선순위(3/4)

- 상식적으로 생각하라. 우리는 이미 다 알고 있다.

ex1) $-x + 3$ 단항 > 이항

ex2) $x + 3 * y$ 곱셈, 나눗셈 > 덧셈, 뺄셈

ex3) $x + 3 > y - 2$ 산술 > 비교

ex4) $x > 3 \text{ \&\& } x < 5$ 비교 > 논리

ex5) $int\ result = x + y * 3;$ 항상 대입은 맨 끝에

4. 연산자의 우선순위(4/4)

- 그러나 몇 가지 주의해야 할 것이 있다.

1. <<, >>, >>>는 덧셈연산자보다 우선순위가 낮다.

  ex5) $x << 2 + 1$ $x << (2 + 1)$ 과 같다.

2. ||, |(OR)는 &&, &(AND)보다 우선순위가 낮다.

  ex6) $x < -1 \text{ || } x > 3 \text{ \&\& } x < 5$

      $x < -1 \text{ || } (x > 3 \text{ \&\& } x < 5)$ 와 같다.

4. 증감연산자 - ++, --

▶ 증가연산자(++) : 피연산자의 값을 1 증가시킨다.

▶ 감소연산자(--) : 피연산자의 값을 1 감소시킨다.

```
int i = 5;
int j = 0;
```

전위형	j = ++i;	++i; j = i;	값이 참조되기 전에 증가시킨다.
후위형	j = i++;	j = i; i++;	값이 참조된 후에 증가시킨다.

---

5. 부호연산자(+,-)와 논리부정연산자(!)

▶ 부호연산자(+,-) : '+'는 피연산자에 1을 곱하고
　　　　　　　　　　 '-'는 피연산자에 -1을 곱한다.

▶ 논리부정연산자(!) : true는 false로, false는 true로
　　　　　　　　　　 피연산자가 boolean일 때만 사용가능

```
int i = -10;              boolean power = false;


   i = +i;                     power = !power;


   i = -i;                     power = !power;
```

6. 비트전환연산자 – ~

- 정수를 2진수로 표현했을 때, 1을 0으로 0은 1로 바꾼다.
정수형에만 사용가능.

2진수	10진수
0 0 0 0 1 0 1 0	10
1 1 1 1 0 1 0 1	-11
1 1 1 1 0 1 0 1	-11
0 0 0 0 0 0 0 1	+) 1
1 1 1 1 0 1 1 0	-10

[표3-5] 음수를 2진수로 표현하는 방법

---

7. 이항연산자의 특징 (1/7)

이항연산자는 연산을 수행하기 전에 피연산자의 타입을 일치시킨다.

① int보다 크기가 작은 타입은 int로 변환한다.

(byte, char, short → int)

② 피연산자 중 표현범위가 큰 타입으로 형변환 한다.

char + int   → int + int → int

float + int   → float + float → float

long + float   → float + float → float

float + double → double + double → double

7. 이항연산자의 특징 (2/7)

```
byte a = 10;
byte b = 20;        byte + byte → int + int → int
byte c = a + b;   // 에러. int값을 byte에 저장 불가


byte c = (byte)a + b;   // 에러
byte c = (byte)(a + b); // OK
```

7. 이항연산자의 특징 (3/7)

```
int a = 1000000;  // 1,000,000
int b = 2000000;  // 2,000,000
long c = a * b;   // c는 2,000,000,000,000 ?
                  // c는 -1454759936 !!!
            int * int → int

long c = (long)a * b; // c는 2,000,000,000,000 !

     long * int → long * long → long
```

7. 이항연산자의 특징 (4/7)

long a = 1000000 * 1000000;   // a는 -727,379,968

long b = 1000000 * 1000000L; // b는 1,000,000,000,000

int c = 1000000 * 1000000 / 1000000;   // c는 -727

int d = 1000000 / 1000000 * 1000000; // d는 1,000,000

---

7. 이항연산자의 특징 (5/7)

char c1 = 'a';

char c2 = c1 + 1; // 에러

char c2 = (char)(c1 + 1); // OK

char c2 = ++c1; // OK

int i = 'B' − 'A';

int i = '2' − '0';

문자	코드
...	...
0	48
1	49
2	50
...	...
A	65
B	66
C	67
...	...
a	97
b	98
c	99
...	...

7. 이항연산자의 특징 (6/7)

float pi = 3.141592f;

float shortPi = (int)(pi * 1000) / 1000f;

(int)(3.141592f * 1000) / 1000f;

(int)(3141.592f) / 1000f;

3141 / 1000f;

3141.0f / 1000f

3.141f

7. 이항연산자의 특징 (7/7)

* Math.round() : 소수점 첫째자리에서 반올림한 값을 반환

float pi = 3.141592f;

float shortPi = Math.round(pi * 1000) / 1000f;

Math.round(3.141592f * 1000) / 1000f;

Math.round(3141.592f) / 1000f;

3142 / 1000f;

3142.0f / 1000f

3.142f

8. 나머지연산자 - %

- 나누기한 나머지를 반환한다.
- 홀수, 짝수 등 배수검사에 주로 사용.

  int share = 10 / 8;

  int remain = 10 % 8;

$$10 \ \% \ \ 8 \ \ \rightarrow \ \ 2$$
$$10 \ \% \ -8 \ \ \rightarrow \ \ 2$$
$$-10 \ \% \ \ 8 \ \ \rightarrow \ -2$$
$$-10 \ \% \ -8 \ \ \rightarrow \ -2$$

---

9. 쉬프트연산자 - <<, >>, >>>

- 2^n으로 곱하거나 나눈 결과를 반환한다.
- 곱셈, 나눗셈보다 빠르다.

  x << n 은 x * 2^n과 같다.

  x >> n 은 x / 2^n과 같다.

  8 << 2 는 8 * 2^2과 같다.

  8 >> 2 는 8 / 2^2과 같다.

10. 비교연산자 - > < >= <= == !=

- 피연산자를 같은 타입으로 변환한 후에 비교한다.
  결과 값은 true 또는 false이다.
- 기본형(boolean제외)과 참조형에 사용할 수 있으나
  참조형에는 ==와 !=만 사용할 수 있다.

수 식	연 산 결 과
x > y	x가 y보다 클 때 true, 그 외에는 false
x < y	x가 y보다 작을 때 true, 그 외에는 false
x >= y	x가 y보다 크거나 같을 때 true, 그 외에는 false
x <= y	x가 y보다 작거나 같을 때 true, 그 외에는 false
x == y	x와 y가 같을 때 true, 그 외에는 false
x != y	x와 y가 다를 때 true, 그 외에는 false

[표3-11] 비교연산자의 연산결과

10. 비교연산자 - > < >= <= == !=

'A' < 'B' → 65 < 66 → true

'0' == 0 → 48 == 0 → false

'A' != 65 → 65 != 65 → false

10.0d == 10.0f → 10.0d == 10.0d → true

0.1d == 0.1f → 0.1d == 0.1d → true? false?

double d = (double)0.1f;

System.out.println(d); // 0.10000000149011612

(float)0.1d == 0.1f → 0.1f == 0.1f → true

11. 비트연산자 - & | ^

- 피연산자를 비트단위로 연산한다.

  실수형(float, double)을 제외한 모든 기본형에 사용가능

▶ OR연산자(|) : 피연산자 중 어느 한 쪽이 1이면 1이다.

▶ AND연산자(&) : 피연산자 양 쪽 모두 1이면 1이다.

▶ XOR연산자(^) : 피연산자가 서로 다를 때 1이다.

x	y	x | y	x & y	x ^ y
1	1	1	1	0
1	0	1	0	1
0	1	1	0	1
0	0	0	0	0

11. 비트연산자 - & | ^

식	2진수		10진수
3 | 5 = 7		0 0 0 0 0 0 1 1	3
	|)	0 0 0 0 0 1 0 1	5
		0 0 0 0 0 1 1 1	7
3 & 5 = 1		0 0 0 0 0 0 1 1	3
	&)	0 0 0 0 0 1 0 1	5
		0 0 0 0 0 0 0 1	1
3 ^ 5 = 6		0 0 0 0 0 0 1 1	3
	^)	0 0 0 0 0 1 0 1	5
		0 0 0 0 0 1 1 0	6

[표3-14] 비트연산자의 연산결과

11. 비트연산자 - & | ^

| 0x185C | `0 0 0 1 1 0 0 0 0 1 0 1 1 1 0 0` |

0x185C >> 4 → 0x0185 `0 0 0 0 0 0 0 1 1 0 0 0 0 1 0 1`

| 0x000F | `0 0 0 0 0 0 0 0 0 0 0 0 1 1 1 1` |

0x0185 & 0x000F → 0x0005 `0 0 0 0 0 0 0 0 0 0 0 0 0 1 0 1`

0x185C >> 4 & 0x000F → 0x0005

0x185C >> 8 & 0x000F → 0x0008

12345 / 100 % 10 → 3

12345 / 1000 % 10 → 2

---

12. 논리연산자 - && ||

-피연산자가 반드시 boolean이어야 하며 연산결과도 boolean이다.
&&가 || 보다 우선순위가 높다. 같이 사용되는 경우 괄호를 사용하자

▶ OR연산자(||) : 피연산자 중 어느 한 쪽이 true이면 true이다.
▶ AND연산자(&&) : 피연산자 양 쪽 모두 true이면 true이다.

x	y	x || y	x && y
true	true	true	true
true	false	true	false
false	true	true	false
false	false	false	false

12. 논리연산자 - && ||

int i = 7;

i > 3 && i < 5

i > 3 || i < 0

x	y	x || y	x && y
true	true	true	true
true	false	true	false
false	true	true	false
false	false	false	false

char x = 'j';

x >= 'a' && x <= 'z'

(x >= 'a' && x <= 'z') || (x >= 'A' && x <= 'Z')

13. 삼항연산자 - ? :

- 조건식의 연산결과가 true이면 '식1'의 결과를 반환하고
  false이면 '식2'의 결과를 반환한다.

(조건식) ? 식1 : 식2

```
if(x>=0) {
    absX = x;
} else {
    abxX = -x;
}
```

int x = -10;

int absX = x >= 0 ? x : -x;

int score = 50;

char grade = score >= 90 ? 'A' : (score >= 80? 'B' : 'C');

14. 대입연산자 - = op=

- 오른쪽 피연산자의 값을 왼쪽 피연산자에 저장한다.
   단, 왼쪽 피연산자는 상수가 아니어야 한다.

int i = 0;

i = i + 3;

final int MAX = 3;

MAX = 10;   // 에러

op=	=
i +=3;	i = i + 3;
i -= 3;	i = i - 3;
i *= 3;	i = i * 3;
i /= 3;	i = i / 3;
i %= 3;	i = i % 3;
i <<= 3;	i = i << 3;
i >>= 3;	i = i >> 3;
i >>>= 3;	i = i >>> 3;
i &= 3;	i = i & 3;
i ^= 3;	i = i ^ 3;
i |= 3;	i = i | 3;
i *= 10 + j;	i = i * (10+j);

= Memo =

Java의 정석

제 4 장
조건문과 반복문

---

1. 조건문(if, switch)

1.1 조건문 – if, switch

if(조건식) { 문장들 }

- 조건문은 조건식과 실행될 하나의 문장 또는 블럭{}으로 구성
- Java에서 조건문은 if문과 switch문 두 가지 뿐이다.
- if문이 주로 사용되며, 경우의 수가 많은 경우 switch문을 사용할 것을 고려한다.
- 모든 switch문은 if문으로 변경이 가능하지만, if문은 switch문으로 변경할 수 없는 경우가 많다.

```
if(num==1) {
    System.out.println("SK");
} else if(num==6) {
    System.out.println("KTF");
} else if(num==9) {
    System.out.println("LG");
} else {
    System.out.println("UNKNOWN");
}
```

```
switch(num) {
    case 1:
        System.out.println("SK");
        break;
    case 6:
        System.out.println("KTF");
        break;
    case 9:
        System.out.println("LG");
        break;
    default:
        System.out.println("UNKNOWN");
}
```

1.2 if문

- if문은 if, if-else, if-else if의 세가지 형태가 있다.
- 조건식의 결과는 반드시 true 또는 false이어야 한다.

```
if(조건식) {
    // 조건식의 결과가 true일 때 수행될 문장들
}
```

```
if(조건식) {
    // 조건식의 결과가 true일 때 수행될 문장들
} else {
    // 조건식의 결과가 false일 때 수행될 문장들
}
```

```
if(조건식1) {
    // 조건식1의 결과가 true일 때 수행될 문장들
} else if(조건식2) {
    // 조건식2의 결과가 true일 때 수행될 문장들
    // (조건식1의 결과는 false)
} else if(조건식3) {
    // 조건식3의 결과가 true일 때 수행될 문장들
    // (조건식1과 조건식2의 결과는 false)
} else {
    // 모든 조건식의 결과가 false일 때 수행될 문장들
}
```

```
if(score > 60) {
    System.out.println("합격입니다.");
}

if(score > 60)
    System.out.println("합격입니다.");

if(score > 60) {
    System.out.println("합격입니다.");
} else {
    System.out.println("불합격입니다.");
}

if(num > 0) {
    System.out.println("양수입니다.");
} else if(num < 0) {
    System.out.println("음수입니다.");
} else {
    System.out.println("영입니다.");
}

if(score >=90) {
    System.out.println("A등급");
} else if(score >= 80 && score < 90 ){ // 80<=score<90
    System.out.println("B등급");
} else if(score >= 70 && score < 80 ){ // 70<=score<80
    System.out.println("C등급");
} else { // score < 70
    System.out.println("F등급");
}
```

1.2 if문 – 조건식의 예(example)

```
int i = 0;
if(i%2==0) { }
if(i%3==0) { }
```

```
if(i=0) { }
if(i==0) { }
```

```
String str = "";
char ch = ' ';
if(ch==' ' || ch=='Wt') { }
if(ch=='c' || ch=='C') { }
if(str=="c" || str=="C") { }
if(str.equals("c") || str.equals("C")) { }
if(str.equalsIgnoreCase("c")) { }

if(ch>='0' && ch<='9') { }
if(!(ch>='0' && ch<='9')) { }
if(ch<'0' || ch>'9') { }
```

```
if((('a'<=ch && ch<='z')||
    ('A'<=ch && ch<='Z')) { }
```

```
if( i<-1 || i>3 && i<5 ) { }
```

```
str = "3";
```
문자열 "3" → 문자 '3'
```
if(str!=null && !str.equals("")) {
    ch = str.charAt(0);
}
```

```
boolean powerOn=false;
if(!powerOn) {
    // 전원이 꺼져있으면...
}
```

1.3 중첩 if문

- if문 안에 또 다른 if문을 중첩해서 넣을 수 있다.
- if문의 중첩횟수에는 거의 제한이 없다.

```
if (조건식1) {
      // 조건식1의 연산결과가 true일 때 수행될 문장들을 적는다.
      if (조건식2) {
            // 조건식1과 조건식2가 모두 true일 때 수행될 문장들
      } else {
            // 조건식1이 true이고, 조건식2가 false일 때 수행되는 문장들
      }
} else {
      // 조건식1이 false일 때 수행되는 문장들
}
```

1.3 중첩 if문 - 예제

```
if (score >= 90)    {         // score가 90점 보다 같거나 크면 A학점(grade)
   grade = "A";

   if ( score >= 98) {        // 90점 이상 중에서도 98점 이상은 A+
         grade += "+";        // grade = grade + "+";
   } else if ( score < 94) {
         grade += "-";
   }
} else if  (score >= 80){     // score가 80점 보다 같거나 크면 B학점(grade)
   grade = "B";

   if ( score >= 88) {
      grade += "+";
   } else if ( score < 84) {
      grade += "-";
   }
} else {                      // 나머지는 C학점(grade)
   grade = "C";
}
```

1.4 switch문

- if문의 조건식과 달리, 조건식의 계산결과가 int타입의 정수와 문자열만 가능
- 조건식의 계산결과와 일치하는 case문으로 이동 후 break문을 만날 때까지 문장들을 수행한다.(break문이 없으면 switch문의 끝까지 진행한다.)
- 일치하는 case문의 값이 없는 경우 default문으로 이동한다.
  (default문 생략가능)
- case문의 값으로 변수를 사용할 수 없다.(리터럴, 상수, 문자열 상수만 가능)

```
switch (조건식) {
    case 값1 :
        // 조건식의 결과가 값1과 같을 경우 수행될 문장들
        //...
        break;
    case 값2 :
        // 조건식의 결과가 값2와 같을 경우 수행될 문장들
        //...
        break;
    //...
    default :
        // 조건식의 결과와 일치하는 case문이 없을 때 수행될 문장들
        //...
}
```

```
switch(num) {
    case 1:
    case 7:
        System.out.println("SK");
        break;
    case 6:
    case 8:
        System.out.println("KTF");
        break;
    case 9:
        System.out.println("LG");
        break;
    default:
        System.out.println("UNKNOWN");
        break;
}
```

1.4 switch문 – 사용예(examples)

```
int level = 3;

switch(level) {
    case 3 :
        grantDelete(); // 삭제권한을 준다.
    case 2 :
        grantWrite();  // 쓰기권한을 준다.
    case 1 :
        grantRead();   // 읽기권한을 준다.
}
```

```
char op = '*';

switch(op) {
    case '+':
        result = num1 + num2;
        break;
    case '-':
        result = num1 - num2;
        break;
    case '*':
        result = num1 * num2;
        break;
    case '/':
        result = num1 / num2;
        break;
}
```

```
switch(score) {
    case 100: case 99: case 98: case 97: case 96:
    case 95:  case 94: case 93: case 92: case 91:
    case 90 :
        grade = 'A';
        break;
    case 89: case 88: case 87: case 86:
    case 85: case 84: case 83: case 82: case 81:
    case 80 :
        grade = 'B';
        break;
    case 79: case 78: case 77: case 76:
    case 75: case 74: case 73: case 72: case 71:
    case 70 :
        grade = 'C';
        break;
    case 69: case 68: case 67: case 66:
    case 65: case 64: case 63: case 62: case 61:
    case 60 :
        grade = 'D';
        break;
    default :
        grade = 'F';
} // end of switch
```

```
switch(score/10) {
    case 10:
    case  9 :
        grade = 'A';
        break;
    case 8 :
        grade = 'B';
        break;
    case 7 :
        grade = 'C';
        break;
    case 6 :
        grade = 'D';
        break;
    default :
        grade = 'F';
}
```

1.5 중첩 switch문

- switch문 안에 또 다른 switch문을 중첩해서 넣을 수 있다.
- switch문의 중첩횟수에는 거의 제한이 없다.

```java
switch(num) {
    case 1:
    case 7:
        System.out.println("SK");
        switch(num) {
            case 1:
                System.out.println("1");
                break;
            case 7:
                System.out.println("7");
                break;
        }
        break;
    case 6:
        System.out.println("KTF");
        break;
    case 9:
        System.out.println("LG");
        break;
    default:
        System.out.println("UNKNOWN");
}
```

```java
switch(num) {
    case 1:
    case 7:
        System.out.println("SK");
        if(num==1) {
            System.out.println("1");
        } else if(num==7) {
            System.out.println("7");
        }
        break;
    case 6:
        System.out.println("KTF");
        break;
    case 9:
        System.out.println("LG");
        break;
    default:
        System.out.println("UNKNOWN");
}
```

67

1.6 if문과 switch문의 비교

- if문이 주로 사용되며, 경우의 수가 많은 경우 switch문을 사용할 것을 고려한다.
- 모든 switch문은 if문으로 변경이 가능하지만, if문은 switch문으로 변경할 수 없는 경우가 많다.
- if문 보다 switch문이 더 간결하고 효율적이다.

```java
if(num==1) {
    System.out.println("SK");
} else if(num==6) {
    System.out.println("KTF");
} else if(num==9) {
    System.out.println("LG");
} else {
    System.out.println("UNKNOWN");
}
```

```java
switch(num) {
    case 1:
        System.out.println("SK");
        break;
    case 6:
        System.out.println("KTF");
        break;
    case 9:
        System.out.println("LG");
        break;
    default:
        System.out.println("UNKNOWN");
}
```

68

1.7 Math.random()

- Math클래스에 정의된 난수(亂數) 발생함수
- 0.0과 1.0 사이의 double값을 반환한다.(0.0 <= Math.random() < 1.0)

예) 1~10범위의 임의의 정수를 얻는 식 만들기

1. 각 변에 10을 곱한다.

```
0.0 * 10 <= Math.random() * 10 < 1.0 * 10
    0.0 <= Math.random() * 10 < 10.0
```

2. 각 변을 int형으로 변환한다.

```
(int)0.0 <= (int)(Math.random() * 10) < (int)10.0
      0 <= (int)(Math.random() * 10) < 10
```

3. 각 변에 1을 더한다.

```
int score = (int)(Math.random() * 10)+1;
```

```
0 + 1 <= (int)(Math.random() * 10) + 1 < 10 + 1
    1 <= (int)(Math.random() * 10) + 1 < 11
```

---

2. 반복문(for, while, do-while)

2.1 반복문 – for, while, do-while

- 문장 또는 문장들을 반복해서 수행할 때 사용
- 조건식과 수행할 블럭{} 또는 문장으로 구성
- 반복회수가 중요한 경우에 for문을 그 외에는 while문을 사용한다.
- for문과 while문은 서로 변경가능하다.
- do-while문은 while문의 변형으로 블럭{}이 최소한 한번은 수행될 것을 보장한다.

```
System.out.println(1);
System.out.println(2);
System.out.println(3);
System.out.println(4);
System.out.println(5);
```

```
for(int i=1;i<=5;i++) {
    System.out.println(i);
}
```

```
int i=0;

do {
    i++;
    System.out.println(i);
} while(i<=5);
```

```
int i=1;

while(i<=5) {
    System.out.println(i);
    i++:
}
```

71

2.2 for문

- 초기화, 조건식, 증감식 그리고 수행할 블럭{} 또는 문장으로 구성

```
for (초기화;조건식;증감식) {
    // 조건식이 true일 때 수행될 문장들을 적는다.
}
```

[참고] 반복하려는 문장이 단 하나일 때는 중괄호{}를 생략할 수 있다.

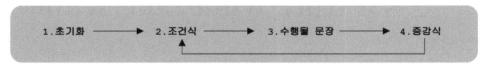

1.초기화 ⟶ 2.조건식 ⟶ 3.수행될 문장 ⟶ 4.증감식

예) 1부터 10까지의 정수를 더하기

```
int sum = 0;

for(int i=1; i<=10; i++) {
    sum += i; // sum = sum + i;
}
```

i

sum

i	sum
1	
2	
3	
4	
...	
10	

72

2.2 for문 – 작성예(examples)

for문 작성 예	설 명

`for(;;)`
`{`
`        /* 반복해서 수행할 문장들 */`
`}`
	조건식이 없기 때문에 결과가 true로 간주되어 블럭{}안의 문장들을 무한히 반복수행한다.

`for(int i=0;;)`
`{`
`        /* 반복해서 수행할 문장들 */`
`}`
	for문에 int형 변수 i를 선언하고 0으로 초기화 했다. 변수 i는 for문 내에 선언되었기 때문에 for문 내에서만 유효하다.

`for(int i=1,j=1;i<10 && i*j<50;i++,j+=2)`
`{`
`        /* 반복해서 수행할 문장들 */`
`}`
	쉼표(,)를 이용해서 하나 이상의 변수를 선언하고 초기화 할 수 있다. 단, 같은 타입인 경우만 가능하다. 증감식 역시 쉼표를 이용해서 여러 문장이 수행되게 할 수 있다. 여기서는 매 반복마다 i는 1씩, j는 2씩 증가한다.

```java
public static void main(String[] args)
{
    int sum = 0

    for(int i=1; i <= 10; i++) {
        sum += i ;        //   sum = sum + i;
    }
    System.out.println( i-1 + " 까지의 합: " + sum);
}
```

변수 sum 이
유효한 범위

변수 i가
유효한 범위

← 에러. 변수 i를 사용할 수 없음.

2.3 중첩for문

- for문 안에 또 다른 for문을 포함시킬 수 있다.
- for문의 중첩횟수에는 거의 제한이 없다.

```java
for(int i=2; i<=9; i++) {
    for(int j=1; j<=9; j++) {
        System.out.println(i+" * "+j+" = "+i*j);
    }
}
```

```java
for(int i=2; i<=9; i++)
    for(int j=1; j<=9; j++)
        System.out.println(i+" * "+j+" = "+i*j);
```

```
i * j = i*j

2 * 1 = 2
2 * 2 = 4
2 * 3 = 6
    ...
2 * 9 = 18
3 * 1 = 3
3 * 2 = 6
    ...
9 * 8 = 72
9 * 9 = 81
```

```
ijk

111
112
113
121
122
123
...
331
332
333
```

```java
for(int i=1; i<=3; i++) {
    for(int j=1; j<=3; j++) {
        for(int k=1; k<=3; k++) {
            System.out.println(""+i+j+k);
        }
    }
}
```

```java
for(int i=1; i<=3; i++)
    for(int j=1; j<=3; j++)
        for(int k=1; k<=3; k++)
            System.out.println(""+i+j+k);
```

2.4 while문

- 조건식과 수행할 블럭{} 또는 문장으로 구성

```
while (조건식) {
        // 조건식의 연산결과가 true일 때 수행될 문장들을 적는다.
}
```

```
int i=10;

while(i >= 0) {
    System.out.println(i--);
}
```

```
for(int i=10;i>=0;i--) {
    System.out.println(i);
}
```

```
int i=0;

while(i >= 0) {
    i=10;
    System.out.println(i--);
}
```

```
int i=10;

while(i < 10) {
    System.out.println(i--);
}
```

2.5 중첩while문

- while문 안에 또 다른 while문을 포함시킬 수 있다.
- while문의 중첩횟수에는 거의 제한이 없다.

```
for(int i=2; i<=9; i++) {
    for(int j=1; j<=9; j++) {
        System.out.println(i+" * "+j+" = "+i*j);
    }
}
```

```
int i=2;
while(i <= 9) {
    int j=1;
    while(j <= 9) {
        System.out.println(i+" * "+j+" = "+i*j);
        j++;
    }
    i++;
}
```

2.6 do-while문

- while문의 변형. 블럭{}을 먼저 수행한 다음에 조건식을 계산한다.
- 블럭{}이 최소한 1번 이상 수행될 것을 보장한다.

```
do {
    // 조건식의 연산결과가 true일 때 수행될 문장들을 적는다.
} while (조건식);
```

```
class FlowEx24 {
    public static void main(String[] args) throws java.io.IOException {
        int input=0;

        System.out.println("문장을 입력하세요.");
        System.out.println("입력을 마치려면 x를 입력하세요.");
        do {
            input = System.in.read();
            System.out.print((char)input);
        } while(input!=-1 && input !='x');
    }
}
```

문자	코드
...	...
A	65
B	66
C	67
...	...
a	97
b	98
c	99
...	...
x	120
...	...

2.7 break문

- 자신이 포함된 하나의 반복문 또는 switch문을 빠져 나온다.
- 주로 if문과 함께 사용해서 특정 조건을 만족하면 반복문을 벗어나게 한다.

```
class FlowEx25
{
    public static void main(String[] args)
    {
        int sum = 0;
        int i = 0;

        while(true) {
            if(sum > 100)
                ● break;
            i++;
            sum += i;
        } // end of while

        System.out.println("i=" + i);
        System.out.println("sum=" + sum);
    }
}
```

break문이 수행되면 이 부분은 실행되지 않고 while문을 완전히 벗어난다.

i	sum
0	0
1	1
2	3
3	6
...	...
13	91
14	105

2.8 continue문

- 자신이 포함된 반복문의 끝으로 이동한다.(다음 반복으로 넘어간다.)
- continue문 이후의 문장들은 수행되지 않는다.

```
class FlowEx26
{
    public static void main(String[] args)
    {
        for(int i=0;i <= 10;i++) {
            if (i%3==0)
                ● continue;  ●
            System.out.println(i);
        }
    }
}
```

조건식이 true가 되어 continue문이 수행되면 반
복문의 끝으로 이동한다.
break문과 달리 반복문 전체를 벗어나지 않는다.

[실행결과]
```
1
2
4
5
7
8
10
```

2.9 이름 붙은 반복문과 break, continue

- 반복문 앞에 이름을 붙이고, 그이름을 break, continue와 같이 사용함으로
써 둘 이상의 반복문을 벗어나거나 반복을 건너뛰는 것이 가능하다.

```
class FlowEx27
{
    public static void main(String[] args)
    {
        // for문에 Loop1이라는 이름을 붙였다.
        Loop1 : for(int i=2;i <=9;i++) {
            for(int j=1;j <=9;j++) {
                if(j==5)
                    ● break Loop1;
                System.out.println(i+"*"+ j +"="+ i*j);
            } // end of for i
            System.out.println();
        } // end of Loop1
    }
}
```

[실행결과]
```
2*1=2
2*2=4
2*3=6
2*4=8
```

Java의 정석

제 5 장

배 열

1. 배열(array)

1.1 배열(array)이란?

- 같은 타입의 여러 변수를 하나의 묶음으로 다루는 것
- 많은 양의 값(데이터)을 다룰 때 유용하다.
- 배열의 각 요소는 서로 연속적이다.

```
int score1=0, score2=0, score3=0, score4=0, score5=0 ;
```

	score5		score4	
score1	0		0	score3
0		score2		0
		0		

```
int[] score = new int[5]; // 5개의 int 값을 저장할 수 있는 배열을 생성한다.
```

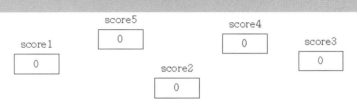

score		score[0]	score[1]	score[2]	score[3]	score[4]
0x100	→	0	0	0	0	0
		0x100				

1.2 배열의 선언과 생성(1)

- 타입 또는 변수이름 뒤에 대괄호[]를 붙여서 배열을 선언한다.

선언방법	선언 예
타입[] 변수이름;	`int[] score;` `String[] name;`
타입 변수이름[];	`int score[];` `String name[];`

[표5-1] 배열의 선언방법과 선언 예

1.2 배열의 선언과 생성(2)

- 배열을 선언한다고 해서 값을 저장할 공간이 생성되는 것이 아니라 배열을 다루는데 필요한 변수가 생성된다.

```
int[] score;        // 배열을 선언한다. (생성된 배열을 다루는데 사용될 참조변수 선언)
score = new int[5]; // 배열을 생성한다. (5개의 int값을 저장할 수 있는 공간생성)
```

[참고] 위의 두 문장은int[] score = new int[5];와 같이 한 문장으로 줄여 쓸 수 있다.

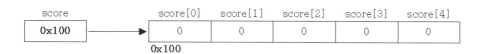

1.3 배열의 초기화

- 생성된 배열에 처음으로 값을 저장하는 것

```
int[] score = new int[5]; // 크기가 5인 int형 배열을 생성한다.
score[0] = 100;              // 각 요소에 직접 값을 저장한다.
score[1] = 90;
score[2] = 80;
score[3] = 70;
score[4] = 60;
```

score		score[0]	score[1]	score[2]	score[3]	score[4]
0x100	→	0	0	0	0	0

0x100

```
int[] score = { 100, 90, 80, 70, 60};              // 1번
int[] score = new int[]{ 100, 90, 80, 70, 60}; // 2번
```

```
int[] score;
score = { 100, 90, 80, 70, 60}; // 에러 발생!!!

int[] score;
score = new int[]{ 100, 90, 80, 70, 60}; // OK
```

```
int add(int[] arr) { /* 내용 생략 */}

int result = add({ 100, 90, 80, 70, 60});              // 에러 발생!!!
int result = add(new int[]{ 100, 90, 80, 70, 60}); // OK
```

1.4 배열의 활용

▶ 배열에 값을 저장하고 읽어오기

```
score[3] = 100;        // 배열 score의 4번째 요소에 100을 저장한다.
int value = score[3]; // 배열 score의 4번째 요소에 저장된 값을 읽어서 value에 저장.
```

▶ '배열이름.length' 는 배열의 길이를 알려준다.

```
int[] score = { 100, 90, 80, 70, 60, 50 };
```

```
for(int i=0; i < 6; i++) {
    System.out.println(score[i]);
}
```

```
for(int i=0; i < score.length; i++) {
    System.out.println(score[i]);
}
```

1.4 배열의 활용 – 예제

[예제5-4]/ch5/ArrayEx4.java

```java
class ArrayEx4 {
    public static void main(String[] args)
    {
        // 45개의 정수값을 저장하기 위한 배열 생성.
        int[] ball = new int[45];

        // 배열의 각 요소에 1~45의 값을 저장한다.
        for(int i=0; i < ball.length; i++)
            ball[i] = i+1;    // ball[0]에 1이 저장된다.

        int temp = 0;  // 두 값을 바꾸는데 사용할 임시변수
        int j = 0;     // 임의의 값을 얻어서 저장할 변수

        // 배열에 저장된 값이 잘 섞이도록 충분히 큰 반복횟수를 지정한다.
        // 배열의 첫 번째 요소와 임의의 요소에 저장된 값을 서로 바꿔서 값을 섞는다.
        for(int i=0; i < 100; i++) {
            j = (int)(Math.random() * 45); // 배열 범위(0~44)의 임의의 값을 얻는다.
            temp = ball[0];
            ball[0] = ball[j];
            ball[j] = temp;
        }
        // 배열 ball의 앞에서 부터 6개의 요소를 출력한다.
        for(int i=0; i < 6; i++)
            System.out.print(ball[i]+" ");
    }
}
```

ball[0]

temp

ball[0]과 ball[j]의 값을 서로 바꾼다.

1.5 다차원 배열의 선언과 생성
- '[]'의 개수가 차원의 수를 의미한다.

선언방법	선언예
타입[][] 변수이름;	int[][] score;
타입 변수이름[][];	int score[][];
타입[] 변수이름[];	int[] score[];

```java
int[][] score = {
                  {100,100,100},
                  { 20, 20, 20},
                  { 30, 30, 30},
                  { 40, 40, 40},
                  { 50, 50, 50},
                };
```

```java
int[][] score = new int[5][3];    // 5행 3열의 2차원 배열을 생성한다.
```

	국어	영어	수학
1	100	100	100
2	20	20	20
3	30	30	30
4	40	40	40
5	50	50	50

```java
for (int i=0; i < score.length; i++) {
    for (int j=0; j < score[i].length; j++) {
        score[i][j] = 10;
    }
}
```

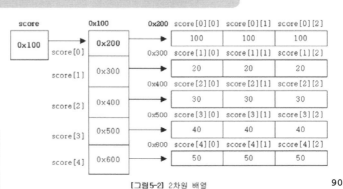

[그림5-2] 2차원 배열

1.6 가변배열

- 다차원 배열에서 마지막 차수의 크기를 지정하지 않고 각각 다르게 지정.

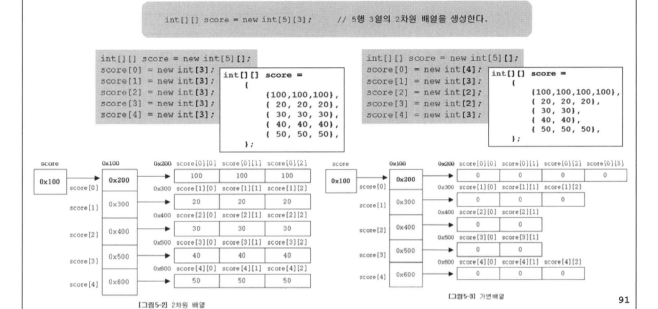

[그림5-2] 2차원 배열

[그림5-3] 가변배열

91

1.7 배열의 복사

▶ for문을 이용한 배열의 복사

number

1	2	3	4	5

newNumber

0	0	0	0	0	0	0	0	0	0

```java
int[] number = {1,2,3,4,5};
int[] newNumber = new int[10];

for(int i=0; i<number.length;i++) {
    newNumber[i] = number[i]; // 배열 number의 값을 newNumber에 저장한다.
}
```

▶ System.arraycopy()를 이용한 배열의 복사

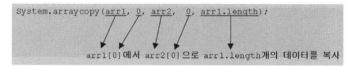

System.arraycopy(arr1, 0, arr2, 0, arr1.length);

arr1[0]에서 arr2[0]으로 arr1.length개의 데이터를 복사

System.**arraycopy**(arr1, 1, arr2, 2, 2);

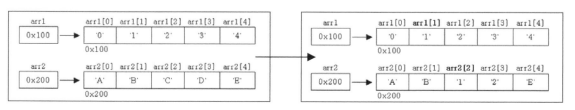

92

1.8 사용자 입력받기 – 커맨드라인

▶ 커맨드라인에서 입력된 값들은 문자열 배열에 담겨 main메서드에 전달된다.

[예제5-13]/ch5/ArrayEx13.java

```java
class ArrayEx13
{
    public static void main(String[] args)
    {
        System.out.println("매개변수의 개수:"+args.length);
        for(int i=0;i< args.length;i++) {
            System.out.println("args[" + i + "] = \""+ args[i] + "\"");
        }

    }
}
```

[실행결과]
```
C:\jdk1.5\work>java ArrayEx13 abc 123 "Hello world"
매개변수의 개수:3
args[0] = "abc"
args[1] = "123"
args[2] = "Hello world"
```

1.9 사용자 입력받기 – 입력창(InputDialog)

▶ Swing패키지의 JOptionPane.showInputDialog()를 사용

[예제5-16]/ch5/ArrayEx16.java

```java
import javax.swing.*;              // JOptionPane클래스를 사

class ArrayEx16 {
    public static void main(String[] args)
    {
        // 1~100사이의 임의의값을 얻어서 answer에 저장한다.
        int answer = (int)(Math.random() * 100) + 1;
        int input = 0;              // 사용자입력을 저장할 공간
        String temp = "";           // 사용자입력을 저장할 임시공간
        int count = 0;              // 시도횟수를 세기위한 변수

        do {
            count++;
            temp = JOptionPane.showInputDialog("1~100사이의 숫자를 입력하세요."
                                + " 끝내려면 -1을 입력하세요.");

            // 사용자가 취소버튼을 누르거나 -1을 입력하면 do-while문을 벗어난다.
            if(temp==null || temp.equals("-1")) break;

            System.out.println("입력값 : "+temp);

            // 사용자입력을 문자열로 받아오기 때문에 int로 변환해 주어야한다.
            input = Integer.parseInt(temp);
```

[그림5-4] JOptionPane.showInputDialog()에 의해서 생성된 입력창

Java의 정석

제 6 장
객체지향개념 I-1

---

1. 객체지향언어란?
2. 클래스와 객체

객체지향개념 I-1

3. 변수와 메서드
4. 메서드 오버로딩

객체지향개념 I-2

5. 생성자
6. 변수의 초기화

객체지향개념 I-3

1. 객체지향언어란?

1.1 객체지향언어의 역사

- 과학, 군사적 모의실험(simulation)을 위해 컴퓨터를 이용한 가상 세계를 구현하려는 노력으로부터 객체지향이론이 시작됨

- 1960년대 최초의 객체지향언어 Simula탄생

- 1980년대 절차방식의 프로그래밍의 한계를 객체지향방식으로 극복하려고 노력함.(C++, Smalltalk과 같은 보다 발전된 객체지향언어가 탄생)

- 1995년 말 Java탄생. 객체지향언어가 프로그래밍 언어의 주류가 됨.

1.2 객체지향언어의 특징

▶ 기존의 프로그래밍언어와 크게 다르지 않다.
- 기존의 프로그래밍 언어에 몇가지 규칙을 추가한 것일 뿐이다.

▶ 코드의 재사용성이 높다.
- 새로운 코드를 작성할 때 기존의 코드를 이용해서 쉽게 작성할 수 있다.

▶ 코드의 관리가 쉬워졌다.
- 코드간의 관계를 맺어줌으로써 보다 적은 노력으로 코드변경이 가능하다.

▶ 신뢰성이 높은 프로그램의 개발을 가능하게 한다.
- 제어자와 메서드를 이용해서 데이터를 보호하고, 코드의 중복을 제거하여 코드의 불일치로 인한 오류를 방지할 수 있다.

2. 클래스와 객체

2.1 클래스와 객체의 정의와 용도

▶ 클래스의 정의 – 클래스란 객체를 정의해 놓은 것이다.

▶ 클래스의 용도 – 클래스는 객체를 생성하는데 사용된다.

▶ 객체의 정의 – 실제로 존재하는 것. 사물 또는 개념.

▶ 객체의 용도 – 객체의 속성과 기능에 따라 다름.

클래스	객체
제품 설계도	제품
TV설계도	TV
붕어빵기계	붕어빵

2.2 객체와 인스턴스

▶ 객체 ≒ 인스턴스

- 객체(object)는 인스턴스(instance)를 포함하는 일반적인 의미

책상은 인스턴스다.	책상은 책상 클래스의 객체다.
책상은 객체다.	책상은 책상 클래스의 인스턴스다.

▶ 인스턴스화(instantiate, 인스턴스化)

- 클래스로부터 인스턴스를 생성하는 것.

$$클래스 \xrightarrow{\text{인스턴스화}} 인스턴스(객체)$$

2.3 객체의 구성요소 – 속성과 기능

▶ 객체는 속성과 기능으로 이루어져 있다.

- 객체는 속성과 기능의 집합이며, 속성과 기능을 객체의 멤버(member, 구성요소)라고 한다.

▶ 속성은 변수로, 기능은 메서드로 정의한다.

- 클래스를 정의할 때 객체의 속성은 변수로, 기능은 메서드로 정의한다.

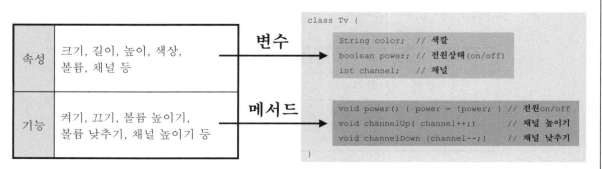

속성	크기, 길이, 높이, 색상, 볼륨, 채널 등	변수	
기능	켜기, 끄기, 볼륨 높이기, 볼륨 낮추기, 채널 높이기 등	메서드	

```
class Tv {

    String color;   // 색깔
    boolean power;  // 전원상태(on/off)
    int channel;    // 채널


    void power() { power = !power; }  // 전원on/off
    void channelUp( channel++;)        // 채널 높이기
    void channelDown {channel--;}      // 채널 낮추기

}
```

2.4 인스턴스의 생성과 사용(1/4)

▶ **인스턴스의 생성방법**

클래스명 참조변수명;   // 객체를 다루기 위한 참조변수 선언

참조변수명 = new 클래스명(); // 객체생성 후, 생성된 객체의
주소를 참조변수에 저장

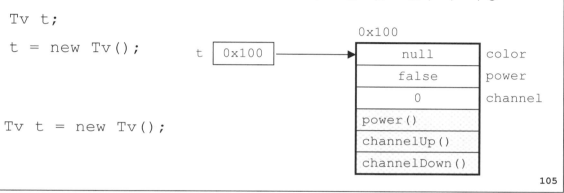

```
Tv t;
t = new Tv();


Tv t = new Tv();
```

2.4 인스턴스의 생성과 사용(2/4)

```
Tv t;
t = new Tv();
t.channel = 7;
t.channelDown();
System.out.println(t.channel);
```

```
class Tv {
        String color; // 색깔
        boolean power; // 전원상태(on/off)
        int channel;   // 채널
        void power() { power = !power; } // 전원on/off
        void channelUp( channel++;)       // 채널 높이기
        void channelDown {channel--;}     // 채널 낮추기
}
```

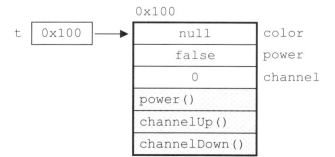

2.4 인스턴스의 생성과 사용(3/4)

```java
Tv t1 = new Tv();
Tv t2 = new Tv();
t2 = t1;   // t1의 값을 t2에 저장
t1.channel = 7;
System.out.println(t1.channel);
System.out.println(t2.channel);
```

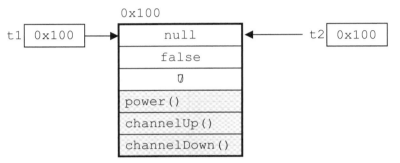
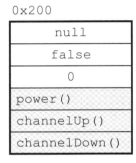

2.4 인스턴스의 생성과 사용(4/4)

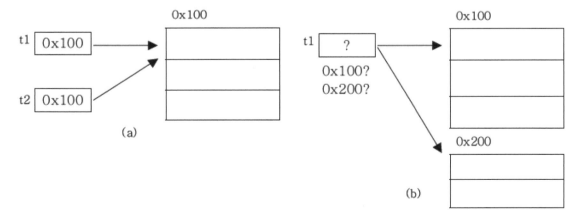

(a) 하나의 인스턴스를 여러 개의 참조변수가 가리키는 경우(가능)
(b) 여러 개의 인스턴스를 하나의 참조변수가 가리키는 경우(불가능)

[그림6-2] 참조변수와 인스턴스의 관계

2.5 클래스의 또 다른 정의

1. 클래스 – 데이터와 함수의 결합

[그림6-3] 데이터 저장개념의 발전과정

▶ 변수 – 하나의 데이터를 저장할 수 있는 공간

▶ 배열 – 같은 타입의 여러 데이터를 저장할 수 있는 공간

▶ 구조체 – 타입에 관계없이 서로 관련된 데이터들을 저장할 수 있는 공간

▶ 클래스 – 데이터와 함수의 결합(구조체+함수)

2.5 클래스의 또 다른 정의

2. 클래스 – 사용자 정의 타입(User-defined type)

- 프로그래머가 직접 새로운 타입을 정의할 수 있다.
- 서로 관련된 값을 묶어서 하나의 타입으로 정의한다.

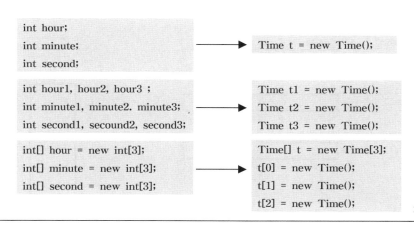

2.5 클래스의 또 다른 정의

2. 클래스 – 사용자 정의 타입(User-defined type)

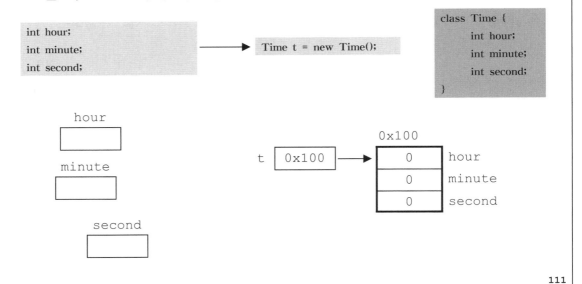

```
int hour;
int minute;
int second;
```

Time t = new Time();

```
class Time {
    int hour;
    int minute;
    int second;
}
```

hour

minute

second

t   0x100   →   0x100

0	hour
0	minute
0	second

111

2.5 클래스의 또 다른 정의

2. 클래스 – 사용자 정의 타입(User-defined type)

```
int[] hour = new int[3];
int[] minute = new int[3];
int[] second = new int[3];
```

```
Time[] t = new Time[3];
t[0] = new Time();
t[1] = new Time();
t[2] = new Time();
```

```
class Time {
    int hour;
    int minute;
    int second;
}
```

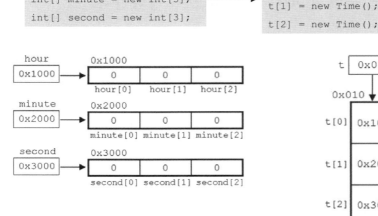

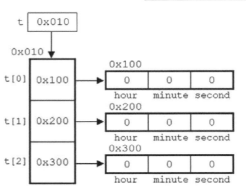

112

Java의 정석

제 6 장
객체지향개념 I-2

---

1. 객체지향언어란?
2. 클래스와 객체

→ 객체지향개념 I-1

3. 변수와 메서드
4. 메서드 오버로딩

→ 객체지향개념 I-2

5. 생성자
6. 변수의 초기화

→ 객체지향개념 I-3

3. 변수와 메서드

4. 메서드 오버로딩(method overloading)

---

3. 변수와 메서드

3.1 선언위치에 따른 변수의 종류

"변수의 선언위치가 변수의 종류와 범위(scope)를 결정한다."

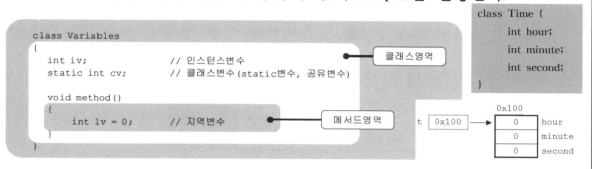

변수의 종류	선언위치	생성시기
클래스변수	클래스 영역	클래스가 메모리에 올라갈 때
인스턴스변수		인스턴스 생성시
지역변수	메서드 영역	변수 선언문 수행시

3.1 선언위치에 따른 변수의 종류

▶ 인스턴스변수(instance variable)
 - 각 인스턴스의 개별적인 저장공간. 인스턴스마다 다른 값 저장가능
 - 인스턴스 생성 후, '참조변수.인스턴스변수명'으로 접근
 - 인스턴스를 생성할 때 생성되고, 참조변수가 없을 때 가비지컬렉터에 의해
자동제거됨

▶ 클래스변수(class variable)
 - 같은 클래스의 모든 인스턴스들이 공유하는 변수
 - 인스턴스 생성없이 '클래스이름.클래스변수명'으로 접근
 - 클래스가 로딩될 때 생성되고 프로그램이 종료될 때 소멸

▶ 지역변수(local variable)
 - 메서드 내에 선언되며, 메서드의 종료와 함께 소멸
 - 조건문, 반복문의 블럭{} 내에 선언된 지역변수는 블럭을 벗어나면 소멸

3.2 클래스변수와 인스턴스변수

"인스턴스변수는 인스턴스가 생성될 때마다 생성되므로 인스턴스마다 각기 다른 값을 유지할 수 있지만, 클래스변수는 모든 인스턴스가 하나의 저장공간을 공유하므로 항상 공통된 값을 갖는다."

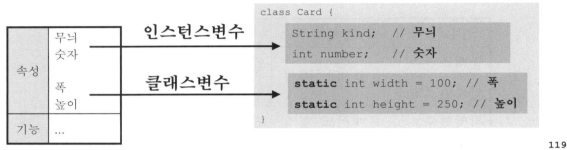

속성	무늬 숫자	→ 인스턴스변수	
	폭 높이	→ 클래스변수	
기능	...		

```
class Card {
    String kind;  // 무늬
    int number;   // 숫자

    static int width = 100; // 폭
    static int height = 250; // 높이
}
```

3.2 클래스변수와 인스턴스변수

* 플래시 동영상 : MemberVar.exe 또는 MemberVar.swf

(https://github.com/castello/javajungsuk_basic/flash 폴더에 위치)

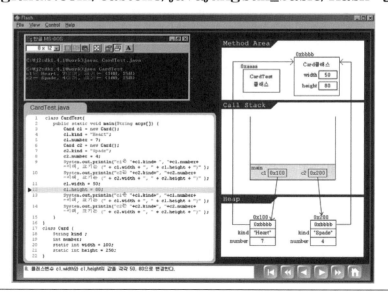

3.3 메서드(method)

▶ 메서드란?
- 작업을 수행하기 위한 명령문의 집합
- 어떤 값을 입력받아서 처리하고 그 결과를 돌려준다.
  (입력받는 값이 없을 수도 있고 결과를 돌려주지 않을 수도 있다.)

▶ 메서드의 장점과 작성지침
- 반복적인 코드를 줄이고 코드의 관리가 용이하다.
- 반복적으로 수행되는 여러 문장을 메서드로 작성한다.
- 하나의 메서드는 한 가지 기능만 수행하도록 작성하자.
- 관련된 여러 문장을 메서드로 작성한다.

3.3 메서드(method)

▶ 메서드를 정의하는 방법 – 클래스 영역에만 정의할 수 있음

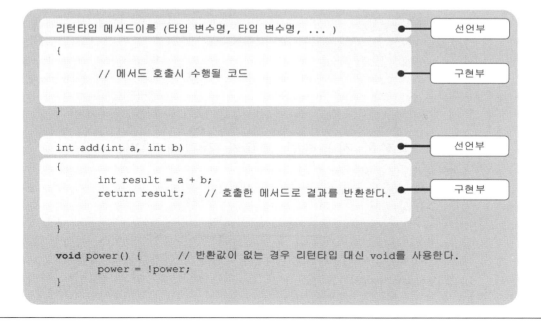

```
리턴타입 메서드이름 (타입 변수명, 타입 변수명, ... )        ●──  선언부
{
        // 메서드 호출시 수행될 코드                         ●──  구현부

}


int add(int a, int b)                                        ●──  선언부
{
        int result = a + b;
        return result;   // 호출한 메서드로 결과를 반환한다.  ●──  구현부

}

void power() {         // 반환값이 없는 경우 리턴타입 대신 void를 사용한다.
        power = !power;
}
```

3.4 return문

▶ 메서드가 정상적으로 종료되는 경우
  - 메서드의 블럭{}의 끝에 도달했을 때
  - 메서드의 블럭{}을 수행 도중 return문을 만났을 때

▶ return문
  - 현재 실행 중인 메서드를 종료하고 호출한 메서드로 되돌아간다.

---

1. **반환값이 없는 경우** - return문만 써주면 된다.

```
return;
```

2. **반환값이 있는 경우** - return문 뒤에 반환값을 지정해 주어야 한다.

```
return 반환값;
```

```
int add(int a, int b)
{
        int result = a + b;
        return result;
}
```

타입이 일치해야한다.

3.4 return문 - 주의사항

▶ 반환값이 있는 메서드는 모든 경우에 return문이 있어야 한다.

```
int max(int a, int b) {
    if(a > b)
        return a;
}
```
→
```
int max(int a, int b) {
    if(a > b)
        return a;
    else
        return b;
}
```

▶ return문을 적절히 사용하면 코드가 간결해 진다.

```
int max(int a, int b) {
    int result = 0;
    if(a > b)
        result = a;
    else
        result = b;
    return result;
}
```
→
```
int max(int a, int b) {
    if(a > b)
        return a;
    return b;
}
```

3.5 메서드의 호출

▶ 메서드의 호출방법

참조변수.메서드 이름();   // 메서드에 선언된 매개변수가 없는 경우
참조변수.메서드 이름(값1, 값2, ...);   // 메서드에 선언된 매개변수가 있는 경우

```
class MyMath {
    long add(long a, long b) {
        long result = a + b;
        return result;
//      return a + b;
    }
 ...
}
```

```
MyMath mm = new MyMath();

long value = mm.add(1L, 2L);

long add(long a, long b) {
    long result = a + b;
    return result;
}
```

3.6 JVM의 메모리 구조

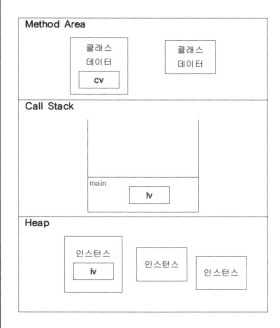

▶ 메서드영역(Method Area)
  - 클래스 정보와 클래스변수가 저장되는 곳

▶ 호출스택(Call Stack)
  - 메서드의 작업공간. 메서드가 호출되면 메서드 수행에 필요한 메모리공간을 할당받고 메서드가 종료되면 사용하던 메모리를 반환한다.

▶ 힙(Heap)
  - 인스턴스가 생성되는 공간. new연산자에 의해서 생성되는 배열과 객체는 모두 여기에 생성된다.

3.6 JVM의 메모리 구조 – 호출스택

▶ 호출스택의 특징

– 메서드가 호출되면 수행에 필요한 메모리를 스택에 할당받는다.

– 메서드가 수행을 마치면 사용했던 메모리를 반환한다.

– 호출스택의 제일 위에 있는 메서드가 현재 실행중인 메서드다.

– 아래에 있는 메서드가 바로 위의 메서드를 호출한 메서드다.

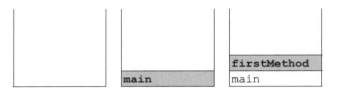

3.6 JVM의 메모리 구조 – 호출스택

```java
class CallStackTest {
    public static void main(String[] args) {
        firstMethod();
    }
    static void firstMethod() {
        secondMethod();
    }
    static void secondMethod() {
        System.out.println("secondMethod()");
    }
}
```

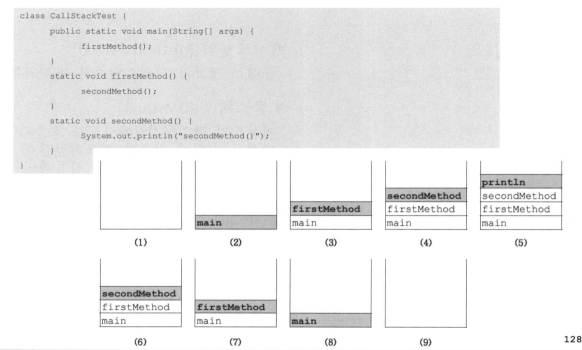

3.7 기본형 매개변수와 참조형 매개변수

▶ 기본형 매개변수 – 변수의 값을 읽기만 할 수 있다.(read only)

▶ 참조형 매개변수 – 변수의 값을 읽고 변경할 수 있다.(read & write)

* 플래시 동영상 (https://github.com/castello/javajungsuk_basic/flash)
- 기본형 매개변수 예제 : PrimitiveParam.exe
- 참조형 매개변수 예제 : ReferenceParam.exe

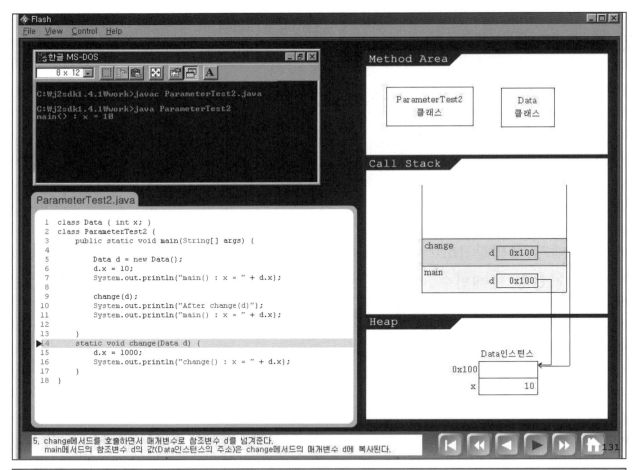

3.8 재귀호출(recursive call)

▶ 재귀호출이란?

- 메서드 내에서 자기자신을 반복적으로 호출하는 것
- 재귀호출은 반복문으로 바꿀 수 있으며 반복문보다 성능이 나쁨
- 이해하기 쉽고 간결한 코드를 작성할 수 있다

▶ 재귀호출의 예(例)

- 팩토리얼, 제곱, 트리운행, 폴더목록표시 등

*팩토리얼(factorial)

5! = 5 * 4 * 3 * 2 * 1

f(n) = n * f(n-1) 단, f(1) = 1

```
long factorial(int n) {
    long result = 0;
    if(n==1) {
        result = 1;
    } else {
        result = n * factorial(n-1);
    }
    return result;
}
```

3.8 재귀호출(recursive call)

* 플래시 동영상 : RecursiveCall.exe
   (https://github.com/castello/javajungsuk_basic/flash 폴더에 위치)

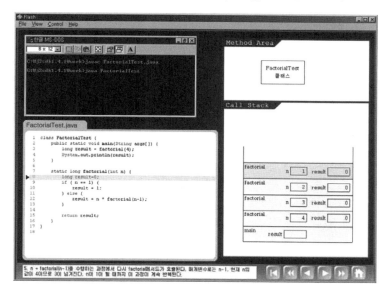

3.9 클래스메서드(static메서드)와 인스턴스메서드

▶ 인스턴스메서드

 – 인스턴스 생성 후, '참조변수.메서드이름()'으로 호출
 – 인스턴스변수나 인스턴스메서드와 관련된 작업을 하는 메서드
 – 메서드 내에서 인스턴스변수 사용가능

▶ 클래스메서드(static메서드)

 – 객체생성없이 '클래스이름.메서드이름()'으로 호출
 – 인스턴스변수나 인스턴스메서드와 관련없는 작업을 하는 메서드
 – 메서드 내에서 인스턴스변수 사용불가
 – 메서드 내에서 인스턴스변수를 사용하지 않는다면 static을 붙이는 것을 고려한다.

3.9 클래스메서드(static메서드)와 인스턴스메서드

```java
class MyMath {
    long a, b;

    long add() {    // 인스턴스메서드
        return a + b;
    }

    static long add(long a, long b) { // 클래스메서드(static메서드)
        return a + b;
    }
}
```

```java
class MyMathTest {
    public static void main(String args[]) {
        System.out.println(MyMath.add(200L,100L)); // 클래스메서드 호출
        MyMath mm = new MyMath(); // 인스턴스 생성
        mm.a = 200L;
        mm.b = 100L;
        System.out.println(mm.add()); // 인스턴스메서드 호출
    }
}
```

135

3.10 멤버간의 참조와 호출(1/2) – 메서드의 호출

"같은 클래스의 멤버간에는 객체생성이나 참조변수 없이 참조할 수 있다. 그러나 static멤버들은 인스턴스멤버들을 참조할 수 없다."

```java
class TestClass {
    void instanceMothod() {}    // 인스턴스메서드
    static void staticMethod() {} // static메서드

    void instanceMothod2() {       // 인스턴스메서드
        instanceMethod();          // 다른 인스턴스에서드를 호출한다.
        staticMethod();            // static메서드를 호출한다.
    }

    static void staticMethod2() { // static메서드
        instanceMethod();          // 에러!!! 인스턴스메서드를 호출할 수 없다.
        staticMethod();            // static메서드는 호출 할 수 있다.
    }
} // end of class
```

136

3.10 멤버간의 참조와 호출(2/2) – 변수의 접근

"같은 클래스의 멤버간에는 객체생성이나 참조변수 없이 참조할 수 있다. 그러나 static멤버들은 인스턴스멤버들을 참조할 수 없다."

```
class TestClass2 {
    int iv;              // 인스턴스변수
    static int cv;       // 클래스변수

    void instanceMothod() {        // 인스턴스메서드
        System.out.println(iv);    // 인스턴스변수를 사용할 수 있다.
        System.out.println(cv);    // 클래스변수를 사용할 수 있다.
    }

    static void staticMethod() {   // static메서드
        System.out.println(iv);    // 에러!!! 인스턴스변수를 사용할 수 없다.
        System.out.println(cv);    // 클래스변수를 사용할 수 있다.
    }
} // end of class
```

4. 메서드 오버로딩

4.1 메서드 오버로딩(method overloading)이란?

"하나의 클래스에 같은 이름의 메서드를 여러 개 정의하는 것을 메서드 오버로딩, 간단히 오버로딩이라고 한다."

* overload - 과적하다. 부담을 많이 지우다.

4.2 오버로딩의 조건

- 메서드의 이름이 같아야 한다.
- 매개변수의 개수 또는 타입이 달라야 한다.
- 매개변수는 같고 리턴타입이 다른 경우는 오버로딩이 성립되지 않음
  (리턴타입은 오버로딩을 구현하는데 아무런 영향을 주지 못한다.)

4.3 오버로딩의 예(1/3)

▸ System.out.println메서드

- 다양하게 오버로딩된 메서드를 제공함으로써 모든 타입의 변수를
  출력할 수 있도록 설계

```
void println()
void println(boolean x)
void println(char x)
void println(char[] x)
void println(double x)
void println(float x)
void println(int x)
void println(long x)
void println(Object x)
void println(String x)
```

4.3 오버로딩의 예(1/2)

▶ 매개변수의 이름이 다른 것은 오버로딩이 아니다.

```
[보기1]
int add(int a, int b) { return a+b; }
int add(int x, int y) { return x+y; }
```

▶ 리턴타입은 오버로딩의 성립조건이 아니다.

```
[보기2]
int add(int a, int b) { return a+b; }
long add(int a, int b) { return (long)(a + b); }
```

4.3 오버로딩의 예(1/3)

▶ 매개변수의 타입이 다르므로 오버로딩이 성립한다.

```
[보기3]
long add(int a, long b) { return a+b; }
long add(long a, int b) { return a+b; }
```

▶ 오버로딩의 올바른 예 – 매개변수는 다르지만 같은 의미의 기능수행

```
[보기4]
int add(int a, int b) { return a+b; }
long add(long a, long b) { return a+b; }
int add(int[] a) {
    int result =0;

    for(int i=0; i < a.length; i++) {
        result += a[i];
    }
    return result;
}
```

Java의 정석

제 6 장
객체지향개념 I-3

---

1. 객체지향언어란?
2. 클래스와 객체

객체지향개념 I-1

3. 변수와 메서드
4. 메서드 오버로딩

객체지향개념 I-2

5. 생성자
6. 변수의 초기화

객체지향개념 I-3

5. 생성자

5.1 생성자(constructor)란?

▶ 생성자란?

- 인스턴스가 생성될 때마다 호출되는 '**인스턴스 초기화 메서드**'
- 인스턴스 변수의 초기화 또는 인스턴스 생성시 수행할 작업에 사용
- 몇가지 조건을 제외하고는 메서드와 같다.
- 모든 클래스에는 반드시 하나 이상의 생성자가 있어야 한다.

* 인스턴스 초기화 – 인스턴스 변수에 적절한 값을 저장하는 것.

```
Card c = new Card();
```

1. 연산자 new에 의해서 메모리(heap)에 Card클래스의 인스턴스가 생성된다.
2. 생성자 Card()가 호출되어 수행된다.
3. 연산자 new의 결과로, 생성된 Card인스턴스의 주소가 반환되어 참조변수 c에 저장된다.

5.2 생성자의 조건

▶ 생성자의 조건

- 생성자의 이름은 클래스의 이름과 같아야 한다.
- 생성자는 리턴값이 없다. (하지만 void를 쓰지 않는다.)

```
클래스이름(타입 변수명, 타입 변수명, ... ) {
    // 인스턴스 생성시 수행될 코드
    // 주로 인스턴스 변수의 초기화 코드를 적는다.
}
```

```
class Card {
    ...
    Card() {  // 매개변수가 없는 생성자.
        // 인스턴스 초기화 작업
    }

    Card(String kind, int number) { // 매개변수가 있는 생성자
        // 인스턴스 초기화 작업
    }
}
```

5.3 기본 생성자(default constructor)

▶ **기본 생성자란?**

- 매개변수가 없는 생성자
- 클래스에 생성자가 하나도 없으면 컴파일러가 기본 생성자를 추가한다.
  (생성자가 하나라도 있으면 컴파일러는 기본 생성자를 추가하지 않는다.)

```
클래스이름() { }
Card() { } // 컴파일러에 의해 추가된 Card클래스의 기본 생성자. 내용이 없다.
```

  "모든 클래스에는 반드시

　　　　　하나 이상의 생성자가 있어야 한다."

5.3 기본 생성자(default constructor)

  "모든 클래스에는 반드시 하나 이상의 생성자가 있어야 한다."

[예제6-18]/ch6/ConstructorTest.java

```java
class Data1 {
    int value;
}

                              class Data1 {
                                  int value;
                                  Data1() {} // 기본생성자
                              }

class Data2 {
    int value;
    Data2(int x) {    // 매개변수가 있는 생성자.
        value = x;
    }
}

class ConstructorTest {
    public static void main(String[] args) {
        Data1 d1 = new Data1();
        Data2 d2 = new Data2();        // compile error발생
    }
}
```

5.4 매개변수가 있는 생성자

```java
class Car {
    String color;          // 색상
    String gearType;       // 변속기 종류 - auto(자동), manual(수동)
    int door;              // 문의 개수

    Car() {} // 생성자
    Car(String c, String g, int d) { // 생성자
        color = c;
        gearType = g;
        door = d;
    }
}
```

```java
Car c = new Car();
c.color = "white";
c.gearType = "auto";
c.door = 4;
```
→
```java
Car c = new Car("white","auto",4);
```

5.5 생성자에서 다른 생성자 호출하기 – this()

▸ this() – 생성자, 같은 클래스의 다른 생성자를 호출할 때 사용
다른 생성자 호출은 생성자의 첫 문장에서만 가능

```java
1 class Car {
2     String color;
3     String gearType;
4     int door;
5
6     Car() {
7         color = "white";
8         gearType = "auto";
9         door = 4;
10     }
11
12     Car(String c, String g, int d) {
13         color = c;
14         gearType = g;
15         door = d;
16     }
17
18 }
19
```

* 코드의 재사용성을 높인 코드

```java
Car() {
    //Card("white","auto",4);
    this("white","auto",4);
}
```

```java
Car() {
    door = 5;
    this("white","auto",4);
}
```

5.6 참조변수 this

▶ this - 인스턴스 자신을 가리키는 참조변수. 인스턴스의 주소가 저장되어있음
모든 인스턴스 메서드에 지역변수로 숨겨진 채로 존재

```
1 class Car {
2     String color;
3     String gearType;
4     int door;
5
6     Car() {
7         //Card("white","auto",4);
8         this("white","auto",4);
9     }
10
11     Car(String c, String g, int d){
12         color = c;
13         gearType = g;
14         door = d;
15     }
16 }
17
```

* 인스턴스변수와 지역변수를 구별하기
위해 참조변수 this사용

```
Car(String color, String gearType, int door){
    this.color = color;
    this.gearType = gearType;
    this.door = door;
}
```

5.7 생성자를 이용한 인스턴스의 복사

- 인스턴스간의 차이는 인스턴스변수의 값 뿐 나머지는 동일하다.
- 생성자에서 참조변수를 매개변수로 받아서 인스턴스변수들의 값을 복사한다.
- 똑같은 속성값을 갖는 독립적인 인스턴스가 하나 더 만들어진다.

```
1 class Car {
2     String color;         // 색상
3     String gearType;      // 변속기 종류 - auto(자동), manual(수동)
4     int door;             // 문의 개수
5
6     Car() {
7         this("white", "auto", 4);
8     }
9
10     Car(String color, String gearType, int door) {
11         this.color = color;
12         this.gearType = gearType;
13         this.door = door;
14     }
15
16     Car(Car c) {     // 인스턴스의 복사를 위한 생성자.
17         color = c.color;
18         gearType = c.gearType;
19         door = c.door;
20     }
21 }
22
23 class CarTest3 {
24     public static void main(String[] args) {
25         Car c1 = new Car();
26         Car c2 = new Car(c1); // Car(Car c)를 호출
27     }
28 }
```

```
Car(Car c) {
    this(c.color, c.gearType, c.door);
}
```

6. 변수의 초기화

6.1 변수의 초기화

- 변수를 선언하고 처음으로 값을 저장하는 것
- 멤버변수(인스턴스변수,클래스변수)와 배열은 각 타입의 기본값으로
  자동초기화되므로 초기화를 생략할 수 있다.
- 지역변수는 사용전에 꼭!!! 초기화를 해주어야한다.

자료형	기본값
boolean	false
char	'\u0000'
byte	0
short	0
int	0
long	0L
float	0.0f
double	0.0d 또는 0.0
참조형 변수	null

```java
class InitTest {
    int x;          // 인스턴스변수
    int y = x;      // 인스턴스변수

    void method1() {
        int i;      // 지역변수
        int j = i;  // 컴파일 에러!!! 지역변수를 초기화하지 않고 사용했음.
    }
}
```

6.1 변수의 초기화 – 예시(examples)

선언예	설 명
int i=10; int j=10;	int형 변수 i를 선언하고 10으로 초기화 한다. int형 변수 j를 선언하고 10으로 초기화 한다.
int i=10, j=10;	같은 타입의 변수는 콤마(,)를 사용해서 함께 선언하거나 초기화 할 수 있다.
int i=10, long j=0;	타입이 다른 변수는 함께 선언하거나 초기화할 수 없다.
int i=10; int j=i;	변수 i에 저장된 값으로 변수 j를 초기화 한다. 변수 j는 i의 값인 10으로 초기화 된다.
int j=i; int i=10;	변수 i가 선언되기 전에 i를 사용할 수 없다.

```
class Test
{
    int j = i;
    int i = 10; // 에러!!!
}
```
→
```
class Test
{
    int i = 10;
    int j = i;  // OK
}
```

6.2 멤버변수의 초기화

▶ 멤버변수의 초기화 방법

1. 명시적 초기화(explicit initialization)

```
class Car {
    int door = 4;                  // 기본형(primitive type) 변수의 초기화
    Engine e = new Engine();       // 참조형(reference type) 변수의 초기화

    //...
}
```

2. 생성자(constructor)

```
Car(String color, String gearType, int door){
    this.color = color;
    this.gearType = gearType;
    this.door = door;
}
```

3. 초기화 블럭(initialization block)

   - 인스턴스 초기화 블럭 : { }

   - 클래스 초기화 블럭 : static { }

6.3 초기화 블럭(initialization block)

▶ 클래스 초기화 블럭 – 클래스변수의 복잡한 초기화에 사용되며
　　　　　　　　　클래스가 로딩될 때 실행된다.

▶ 인스턴스 초기화 블럭 – 생성자에서 공통적으로 수행되는 작업에
　　　사용되며 인스턴스가 생성될 때 마다 (생성자보다 먼저) 실행된다.

```
class InitBlock {
    static { /* 클래스 초기화블럭 입니다. */ }

    { /* 인스턴스 초기화블럭 입니다. */ }

    // ...
}
```

```
 1 class StaticBlockTest {
 2     static int[] arr = new int[10]; // 명시적 초기화
 3
 4     static { // 배열 arr을 1~10사이의 값으로 채운다.
 5         for(int i=0;i<arr.length;i++) {
 6             arr[i] = (int)(Math.random()*10) + 1;
 7         }
 8     }
 9     //...
10 }
```

6.4 멤버변수의 초기화 시기와 순서

▶ 클래스변수 초기화 시점 : 클래스가 처음 로딩될 때 단 한번
▶ 인스턴스변수 초기화 시점 : 인스턴스가 생성될 때 마다

```
 1 class InitTest {
 2     static int cv = 1;  // 명시적 초기화
 3     int iv = 1;         // 명시적 초기화
 4
 5     static {   cv = 2; }   // 클래스 초기화 블럭
 6     {   iv = 2; }          // 인스턴스 초기화 블럭
 7
 8     InitTest() { // 생성자
 9         iv = 3;
10     }
11 }
```

```
InitTest it = new InitTest();
```

클래스 초기화			인스턴스 초기화			
기본값	명시적 초기화	클래스 초기화블럭	기본값	명시적 초기화	인스턴스 초기화블럭	생성자
cv 0	cv 1	cv 2	cv 2	cv 2	cv 2	cv 2
			iv 0	iv 1	iv 2	iv 3
1	2	3	4	5	6	7

6.4 멤버변수의 초기화 시기와 순서

* 플래시 동영상 : Initialization.exe 또는 Initialization.swf

(https://github.com/castello/javajungsuk_basic/flash 폴더에 위치)

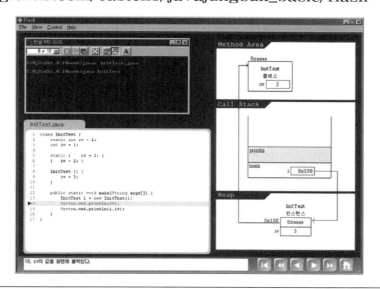

6.4 멤버변수의 초기화 시기와 순서 - 예제설명

```
1  class Product {
2      static int count = 0;      // 생성된 인스턴스의 수를 저장하기 위한 변수
3      int serialNo;              // 인스턴스 고유의 번호
4
5      { // 인스턴스 초기화 블럭 : 모든 생성자에서 공통적으로 수행될 코드
6          ++count;
7          serialNo - count;
8      }
9
10     public Product() {}
11 }
12
13 class ProductTest {
14     public static void main(String args[]) {
15         Product p1 = new Product();
16         Product p2 = new Product();
17         Product p3 = new Product();
18
19         System.out.println("p1의 제품번호(serial no)는 " + p1.serialNo);
20         System.out.println("p2의 제품번호(serial no)는 " + p2.serialNo);
21         System.out.println("p3의 제품번호(serial no)는 " + p3.serialNo);
22         System.out.println("생산된 제품의 수는 모두 "+Product.count+"개 입니다.");
23     }
24 }
```

count
3

0x100

p1 0x100 ⟶ 1 serialNo

0x200

p2 0x200 ⟶ 2 serialNo

0x300

p3 0x300 ⟶ 3 serialNo

Java의 정석

제 7 장
객체지향개념 II-1

---

1. 상속
2. 오버라이딩
3. package와 import

객체지향개념 II-1

4. 제어자
5. 다형성

객체지향개념 II-2

6. 추상클래스
7. 인터페이스

객체지향개념 II-3

1. 상속(inheritance)

1.1 상속(inheritance)의 정의와 장점

▶ 상속이란?

- 기존의 클래스를 재사용해서 새로운 클래스를 작성하는 것.

- 두 클래스를 조상과 자손으로 관계를 맺어주는 것.

- 자손은 조상의 모든 멤버를 상속받는다.(생성자, 초기화블럭 제외)

- 자손의 멤버개수는 조상보다 적을 수 없다.(같거나 많다.)

```
class Point {
    int x;
    int y;
}
```

```
class 자손클래스 extends 조상클래스 {
    // ...
}
```

```
class Point3D {
    int x;
    int y;
    int z;
}
```
→
```
class Point3D extends Point {
    int z;
}
```

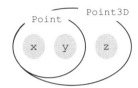

1.2 클래스간의 관계 – 상속관계(inheritance)

- 공통부분은 조상에서 관리하고 개별부분은 자손에서 관리한다.

- 조상의 변경은 자손에 영향을 미치지만, 자손의 변경은 조상에 아무런 영향을 미치지 않는다.

```
class Parent {}
class Child extends Parent {}
class Child2 extends Parent {}
class GrandChild extends Child {}
```

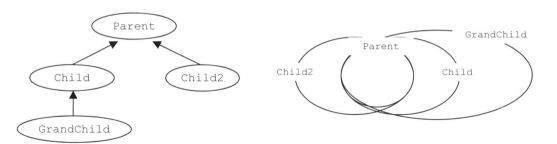

1.2 클래스간의 관계 – 포함관계(composite)

▶ **포함(composite)이란?**

- 한 클래스의 멤버변수로 다른 클래스를 선언하는 것

- 작은 단위의 클래스를 먼저 만들고, 이 들을 조합해서 하나의 커다란 클래스를 만든다.

```
class Point {
    int x;
    int y;
}
```

```
class Circle {
    int x; // 원점의 x좌표
    int y; // 원점의 y좌표
    int r; // 반지름(radius)
}
```

```
class Circle {
    Point c = new Point(); // 원점
    int r; // 반지름(radius)
}
```

```
class Car {
    Engine e = new Engine(); // 엔진
    Door[] d = new Door[4];   // 문, 문의 개수를 넷으로 가정하고 배열로 처리했다.
    //...
}
```

1.3 클래스간의 관계결정하기 – 상속 vs. 포함

- 가능한 한 많은 관계를 맺어주어 재사용성을 높이고 관리하기 쉽게 한다.

- 'is-a'와 'has-a'를 가지고 문장을 만들어 본다.

> 원(Circle)은 점(Point)**이다**. - Circle **is a** Point.
> 원(Circle)은 점(Point)을 **가지고 있다**. - Circle **has a** Point.

> **상속관계** - '~은 ~이다.(is-a)'
> **포함관계** - '~은 ~을 가지고 있다.(has-a)'

```
class Point {
    int x;
    int y;
}
```

```
class Circle extends Point{
    int r; // 반지름(radius)
}
```

```
class Circle {
    Point c = new Point(); // 원점
    int r; // 반지름(radius)
}
```

1.3 클래스간의 관계결정하기 – 예제설명

- 원(Circle)은 도형(Shape)이다.(A Circle is a Shape.) : 상속관계
- 원(Circle)은 점(Point)를 가지고 있다.(A Circle has a Point.) : 포함관계

```java
class Shape {
    String color = "blue";
    void draw() {
        // 도형을 그린다.
    }
}
```

```java
class Point {
    int x;
    int y;

    Point() {
        this(0,0);
    }

    Point(int x, int y) {
        this.x = x;
        this.y = y;
    }
}
```

```java
class Circle extends Shape {
    Point center;
    int r;

    Circle() {
        this(new Point(0,0),100);
    }

    Circle(Point center, int r) {
        this.center = center;
        this.r = r;
    }
}
```

```java
class Triangle extends Shape {
    Point[] p;

    Triangle(Point[] p) {
        this.p = p;
    }

    Triangle(Point p1, Point p2, Point p3) {
        p = new Point[]{p1,p2,p3};
    }
}
```

```java
Circle c1 = new Circle();
Circle c2 = new Circle(new Point(150,150),50);

Point[] p = {new Point(100,100),
             new Point(140,50),
             new Point(200,100)
            };
Triangle t1 = new Triangle(p);
```

171

1.3 클래스간의 관계결정하기 – 예제설명2

```java
class Deck {
    final int CARD_NUM = 52;      // 카드의 개수
    Card c[] = new Card[CARD_NUM];

    Deck () {     // Deck의 카드를 초기화한다.
        int i=0;

        for(int k=Card.KIND_MAX; k > 0; k--) {
            for(int n=1; n < Card.NUM_MAX + 1 ; n++) {
                c[i++] = new Card(k, n);
            }
        }
    }

    Card pick(int index) {   // 지정된 위치(index)에 있는 카드 하나를 선택한다.
        return c[index%CARD_NUM];
    }

    Card pick() {            // Deck에서 카드 하나를 선택한다.
        int index = (int)(Math.random() * CARD_NUM);
        return pick(index);
    }

    void shuffle() {         // 카드의 순서를 섞는다.
        for(int n=0; n < 1000; n++) {
            int i = (int)(Math.random() * CARD_NUM);
            Card temp = c[0];
            c[0] = c[i];
            c[i] = temp;
        }
    }
} // Deck클래스의 끝
```

```java
public static void main(String[] args) {
    Deck d = new Deck();
    Card c = d.pick();

    d.shuffle();
    Card c2 = d.pick(55);
}
```

172

1.4 단일상속(single inheritance)

- Java는 단일상속만을 허용한다.(C++은 다중상속 허용)

```
class TVCR extends TV, VCR {        // 이와 같은 표현은 허용하지 않는다.
    //...
}
```

- 비중이 높은 클래스 하나만 상속관계로, 나머지는 포함관계로 한다.

```
class Tv {
    boolean power;   // 전원상태(on/off)
    int channel;     // 채널

    void power() { power = !power; }
    void channelUp() { ++channel; }
    void channelDown() { --channel; }
}
```

상속 →

```
class VCR {
    boolean power;   // 전원상태(on/off)
    int counter = 0;
    void power() { power = !power; }
    void play() { /* 내용생략*/ }
    void stop() { /* 내용생략*/ }
    void rew() { /* 내용생략*/ }
    void ff() { /* 내용생략*/ }
}
```

포함 →

```
class TVCR extends Tv {
    VCR vcr = new VCR();

    void play() {
        vcr.play();
    }

    void stop() {
        vcr.stop();
    }

    void rew() {
        vcr.rew();
    }

    void ff() {
        vcr.ff();
    }
}
```

1.5 Object클래스 – 모든 클래스의 최고조상

- 조상이 없는 클래스는 자동적으로 Object클래스를 상속받게 된다.
- 상속계층도의 최상위에는 Object클래스가 위치한다.
- 모든 클래스는 Object클래스에 정의된 11개의 메서드를 상속받는다.

    toString(), equals(Object obj), hashCode(), ...

```
class Tv {
    // ...
}

class CaptionTv extends Tv {
    // ...
}
```
→
```
class Tv extends Object {
    // ...
}

class CaptionTv extends Tv {
    // ...
}
```

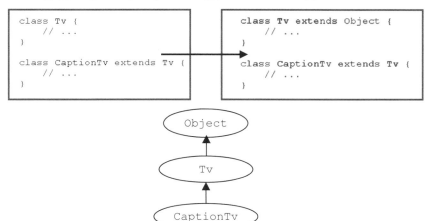

2. 오버라이딩(overriding)

2.1 오버라이딩(overriding)이란?

"조상클래스로부터 상속받은 메서드의 내용을 상속받는
클래스에 맞게 변경하는 것을 오버라이딩이라고 한다."

* override - '~위에 덮어쓰다(overwrite).', '~에 우선하다.'

```java
class Point {
    int x;
    int y;

    String getLocation() {
        return "x :" + x + ", y :"+ y;
    }
}

class Point3D extends Point {
    int z;
    String getLocation() {        // 오버라이딩
        return "x :" + x + ", y :"+ y + ", z :" + z;
    }
}
```

2.2 오버라이딩의 조건

1. 선언부가 같아야 한다.(이름, 매개변수, 리턴타입)

2. 접근제어자를 좁은 범위로 변경할 수 없다.

   - 조상의 메서드가 protected라면, 범위가 같거나 넓은 protected나 public
     으로만 변경할 수 있다.

3. 조상클래스의 메서드보다 많은 수의 예외를 선언할 수 없다.

```java
class Parent {
    void parentMethod() throws IOException, SQLException {
        // ...
    }
}

class Child extends Parent {
    void parentMethod() throws IOException {
        //..
    }
}

class Child2 extends Parent {
    void parentMethod() throws Exception {
        //..
    }
}
```

2.3 오버로딩 vs. 오버라이딩

> 오버로딩(overloading) - 기존에 없는 새로운 메서드를 정의하는 것(new)
> 오버라이딩(overriding) - 상속받은 메서드의 내용을 변경하는 것(change, modify)

```java
class Parent {
    void parentMethod() {}
}

class Child extends Parent {
    void parentMethod() {}          // 오버라이딩
    void parentMethod(int i) {}     // 오버로딩

    void childMethod() {}
    void childMethod(int i) {}      // 오버로딩
    void childMethod() {}           // 에러!!! 중복정의임
}
```

2.4 super – 참조변수(1/2)

▶ this – 인스턴스 자신을 가리키는 참조변수. 인스턴스의 주소가 저장되어있음
　모든 인스턴스 메서드에 지역변수로 숨겨진 채로 존재

▶ super – this와 같음. 조상의 멤버와 자신의 멤버를 구별하는 데 사용.

```java
class Parent {
    int x=10;
}

class Child extends Parent {
    int x=20;
    void method() {
        System.out.println("x=" + x);
        System.out.println("this.x=" + this.x);
        System.out.println("super.x="+ super.x);
    }
}
```

```java
public static void main(String args[]) {
    Child c = new Child();
    c.method();
}
```

```java
class Parent {
    int x=10;
}

class Child extends Parent {
    void method() {
        System.out.println("x=" + x);
        System.out.println("this.x=" + this.x);
        System.out.println("super.x="+ super.x);
    }
}
```

2.4 super – 참조변수(2/2)

▶ this – 인스턴스 자신을 가리키는 참조변수. 인스턴스의 주소가 저장되어있음
　모든 인스턴스 메서드에 지역변수로 숨겨진 채로 존재

▶ super – this와 같음. 조상의 멤버와 자신의 멤버를 구별하는 데 사용.

```java
class Point {
    int x;
    int y;

    String getLocation() {
        return "x :" + x + ", y :"+ y;
    }
}

class Point3D extends Point {
    int z;
    String getLocation() {        // 오버라이딩
     // return "x :" + x + ", y :"+ y + ", z :" + z;
        return super.getLocation() + ", z :" + z; // 조상의 메서드 호출
    }
}
```

2.5 super() – 조상의 생성자(1/3)

- 자손클래스의 인스턴스를 생성하면, 자손의 멤버와 조상의 멤버가 합쳐진 하나의 인스턴스가 생성된다.
- 조상의 멤버들도 초기화되어야 하기 때문에 자손의 생성자의 첫 문장에서 조상의 생성자를 호출해야 한다.

> Object클래스를 제외한 모든 클래스의 생성자 첫 줄에는 생성자(같은 클래스의 다른 생성자 또는 조상의 생성자)를 호출해야한다.
> 그렇지 않으면 컴파일러가 자동적으로 'super();'를 생성자의 첫 줄에 삽입한다.

```java
class Point {
    int x;
    int y;

    Point() {
        this(0,0);
    }

    Point(int x, int y) {
        this.x = x;
        this.y = y;
    }
}
```

```java
class Point extends Object {
    int x;
    int y;

    Point() {
        this(0,0);
    }

    Point(int x, int y) {
        super(); // Object();
        this.x = x;
        this.y = y;
    }
}
```

2.5 super() – 조상의 생성자(2/3)

```java
class Point {
    int x;
    int y;

    Point(int x, int y) {
        this.x = x;
        this.y = y;
    }

    String getLocation() {
        return "x :" + x + ", y :"+ y;
    }
}

class Point3D extends Point {
    int z;

    Point3D(int x, int y, int z) {

        this.x = x;
        this.y = y;
        this.z = z;
    }

    String getLocation() {  // 오버라이딩
        return "x :" + x + ", y :"+ y + ", z :" + z;
    }
}
```

```java
Point(int x, int y) {
    super(); // Object();
    this.x = x;
    this.y = y;
}
```

```java
class PointTest {
    public static void main(String args[]) {
        Point3D p3 = new Point3D(1,2,3);
    }
}
```

```
---------- javac ----------
PointTest.java:24: cannot find symbol
symbol  : constructor Point()
location: class Point
        Point3D(int x, int y, int z) {
                                       ^
1 error
```

```java
Point3D(int x, int y, int z) {
    super(); // Point()를 호출
    this.x = x;
    this.y = y;
    this.z = z;
}
```

```java
Point3D(int x, int y, int z) {
    // 조상의 생성자 Point(int x, int y)를 호출
    super(x,y);
    this.z = z;
}
```

2.5 super() – 조상의 생성자(3/3)

* 플래시 동영상 : Super.exe 또는 Super.swf

(https://github.com/castello/javajungsuk_basic/flash 폴더에 위치)

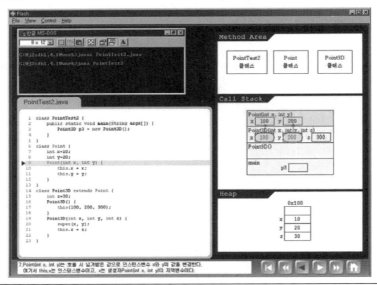

3. package와 import

3.1 패키지(package)

- 서로 관련된 클래스와 인터페이스의 묶음.
- 클래스가 물리적으로 클래스파일(*.class)인 것처럼, 패키지는 물리적으로 폴더이다. 패키지는 서브패키지를 가질 수 있으며, '.'으로 구분한다.
- 클래스의 실제 이름(full name)은 패키지명이 포함된 것이다.
  (String클래스의 full name은 java.lang.String)
- rt.jar는 Java API의 기본 클래스들을 압축한 파일
  (JDK설치경로\jre\lib에 위치)

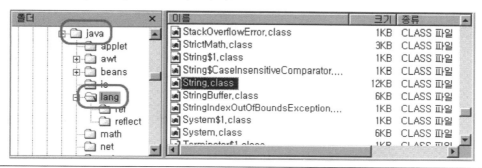

3.2 패키지의 선언

- 패키지는 소스파일에 첫 번째 문장(주석 제외)으로 단 한번 선언한다.
- 하나의 소스파일에 둘 이상의 클래스가 포함된 경우, 모두 같은 패키지에 속하게 된다.(하나의 소스파일에 단 하나의 public클래스만 허용한다.)
- 모든 클래스는 하나의 패키지에 속하며, 패키지가 선언되지 않은 클래스는 자동적으로 이름없는(default) 패키지에 속하게 된다.

```
1  // PackageTest.java
2  package com.javachobo.book;
3
4  public class PackageTest {
5      public static void main(String[] args) {
6          System.out.println("Hello World!");
7      }
8  }
9
10 public class PackageTest2 {}
```

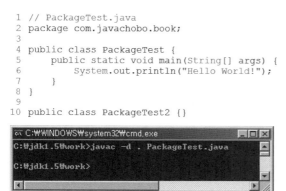

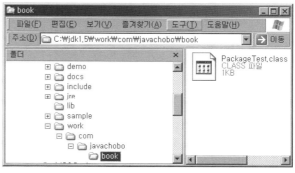

3.3 클래스패스(classpath) 설정(1/2)

- 클래스패스(classpath)는 클래스파일(*.class)를 찾는 경로. 구분자는 ';'
- 클래스패스에 패키지가 포함된 폴더나 jar파일을(*.jar) 나열한다.
- 클래스패스가 없으면 자동적으로 현재 폴더가 포함되지만
  클래스패스를 지정할 때는 현재 폴더(.)도 함께 추가해주어야 한다.

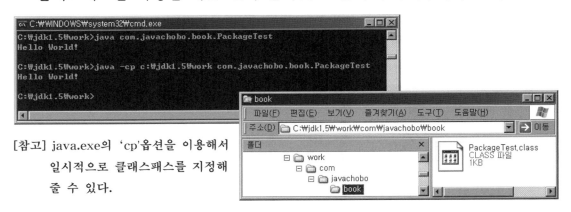

[참고] java.exe의 'cp'옵션을 이용해서
일시적으로 클래스패스를 지정해
줄 수 있다.

3.3 클래스패스(classpath) 설정(2/2)

▶ 클래스패스로 자동 포함된 폴더 for 클래스파일(*.class) : 수동생성 해야함.
  - JDK설치경로₩jre₩classes
▶ 클래스패스로 자동 포함된 폴더 for jar파일(*.jar) : JDK설치시 자동생성됨.
  - JDK설치경로₩jre₩lib₩ext

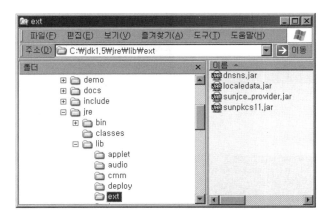

3.4 import문

- 사용할 클래스가 속한 패키지를 지정하는데 사용.

- import문을 사용하면 클래스를 사용할 때 패키지명을 생략할 수 있다.

```
class ImportTest {
    java.util.Date today = new java.util.Date();
    // ...
}
```

```
import java.util.*;

class ImportTest {
    Date today = new Date();
}
```

- java.lang패키지의 클래스는 import하지 않아도 사용할 수 있다.

  String, Object, System, Thread ...

```
import java.lang.*;

class ImportTest2
{
    public static void main(String[] args)
    {
        System.out.println("Hello World!");
    }
}
```

```
public static void main(java.lang.String[] args)
{
    java.lang.System.out.println("Hello World!");
}
```

3.5 import문의 선언

- import문은 패키지문과 클래스선언의 사이에 선언한다.

일반적인 소스파일(*.java)의 구성은 다음의 순서로 되어 있다.

　　① package문
　　② import문
　　③ 클래스 선언

- import문을 선언하는 방법은 다음과 같다.

```
import 패키지명.클래스명;
    또는
import 패키지명.*;
```

```
 1 package com.javachobo.book;
 2
 3 import java.text.SimpleDateFormat;
 4 import java.util.*;
 5
 6 public class PackageTest {
 7     public static void main(String[] args) {
 8         // java.util.Date today = new java.util.Date();
 9         Date today = new Date();
10         SimpleDateFormat date = new SimpleDateFormat("yyyy/MM/dd");
11     }
12 }
```

3.5 import문의 선언 - 선언예

- import문은 컴파일 시에 처리되므로 프로그램의 성능에 아무런 영향을 미치지 않는다.

```
import java.util.Calendar;
import java.util.Date;              ➝    import java.util.*;
import java.util.ArrayList;
```

- 다음의 두 코드는 서로 의미가 다르다.

```
import java.util.*;                 ➝    import java.*;
import java.text.*;
```

- 이름이 같은 클래스가 속한 두 패키지를 import할 때는 클래스 앞에 패키지명을 붙여줘야 한다.

```java
import java.sql.*;  // java.sql.Date
import java.util.*; // java.util.Date

public class ImportTest {
    public static void main(String[] args) {
        java.util.Date today = new java.util.Date();
    }
}
```

= *Memo* =

Java의 정석

제 7 장
객체지향개념 II-2

---

1. 상속
2. 오버라이딩
3. package와 import

객체지향개념 II-1

4. 제어자
5. 다형성

객체지향개념 II-2

6. 추상클래스
7. 인터페이스

객체지향개념 II-3

4. 제어자(modifiers)

5. 다형성(polymorphism)

4. 제어자(modifiers)

4.1 제어자(modifier)란?

- 클래스, 변수, 메서드의 선언부에 사용되어 부가적인 의미를 부여한다.

- 제어자는 크게 접근 제어자와 그 외의 제어자로 나뉜다.

- 하나의 대상에 여러 개의 제어자를 조합해서 사용할 수 있으나,
  접근제어자는 단 하나만 사용할 수 있다.

> **접근 제어자** - public, protected, default, private
> **그   외** - static, final, abstract, native, transient, synchronized,
>   volatile, strictfp

4.2 static – 클래스의, 공통적인

> static이 사용될 수 있는 곳 - 멤버변수, 메서드, 초기화 블럭

제어자	대상	의 미
static	멤버변수	- 모든 인스턴스에 공통적으로 사용되는 클래스변수가 된다. - 클래스변수는 인스턴스를 생성하지 않고도 사용 가능하다. - 클래스가 메모리에 로드될 때 생성된다.
	메서드	- 인스턴스를 생성하지 않고도 호출이 가능한 static 메서드가 된다. - static메서드 내에서는 인스턴스멤버들을 직접 사용할 수 없다.

```
class StaticTest {
    static int width = 200;
    static int height = 120;

    static { // 클래스 초기화 블럭
        // static변수의 복잡한 초기화 수행
    }

    static int max(int a, int b) {
        return a > b ? a : b;
    }
}
```

4.3 final – 마지막의, 변경될 수 없는

> final이 사용될 수 있는 곳 - 클래스, 메서드, 멤버변수, 지역변수

제어자	대상	의 미
final	클래스	변경될 수 없는 클래스, 확장될 수 없는 클래스가 된다. 그래서 final로 지정된 클래스는 다른 클래스의 조상이 될 수 없다.
	메서드	변경될 수 없는 메서드, final로 지정된 메서드는 오버라이딩을 통해 재정의 될 수 없다.
	멤버변수	변수 앞에 final이 붙으면, 값을 변경할 수 없는 상수가 된다.
	지역변수	

[참고] 대표적인 final클래스로는 String과 Math가 있다.

```java
final class FinalTest {
    final int MAX_SIZE = 10; // 멤버변수

    final void getMaxSize() {
        final int LV = MAX_SIZE; // 지역변수
        return MAX_SIZE;
    }
}

class Child extends FinalTest {
    void getMaxSize() {} // 에러. 오버라이딩 불가
}
```

199

4.4 생성자를 이용한 final 멤버변수 초기화

- final이 붙은 변수는 상수이므로 보통은 선언과 초기화를 동시에 하지만, 인스턴스마다 고정값을 갖는 인스턴스 변수의 경우 생성자에서 초기화한다.

(카드의 무늬와 숫자는 한번 결정되면 바뀌지 않아야하는 경우)

```java
class Card {
    final int NUMBER;        // 상수지만 선언과 함께 초기화 하지 않고
    final String KIND;       // 생성자에서 단 한번만 초기화할 수 있다.
    static int width = 100;
    static int height = 250;

    Card(String kind, int num) {
        KIND = kind;
        NUMBER = num;
    }

    Card() {
        this("HEART", 1);
    }

    public String toString() {
        return "" + KIND +" "+ NUMBER;
    }
}
```

```java
public static void main(String args[]) {
    Card c = new Card("HEART", 10);
//  c.NUMBER = 5;     에러!!!
    System.out.println(c.KIND);
    System.out.println(c.NUMBER);
}
```

200

4.5 abstract – 추상의, 미완성의

> abstract가 사용될 수 있는 곳 – 클래스, 메서드

제어자	대상	의 미
abstract	**클래스**	클래스 내에 추상메서드가 선언되어 있음을 의미한다.
	메서드	선언부만 작성하고 구현부는 작성하지 않은 추상메서드임을 알린다.

```
abstract class AbstractTest { // 추상클래스
    abstract void move();      // 추상메서드
}
```

4.6 접근 제어자(access modifier)

- 멤버 또는 클래스에 사용되어, 외부로부터의 접근을 제한한다.

> 접근 제어자가 사용될 수 있는 곳 – 클래스, 멤버변수, 메서드, 생성자
>
> **private** - 같은 **클래스** 내에서만 접근이 가능하다.
> **default** - 같은 **패키지** 내에서만 접근이 가능하다.
> **protected** - 같은 패키지 내에서, 그리고 다른 패키지의 자손클래스에서
>   접근이 가능하다.
> **public** - 접근 제한이 전혀 없다.

제어자	같은 클래스	같은 패키지	자손클래스	전 체
public				
protected				
default				
private				

```
public            class AccessModifierTest {
(default)             int iv;        // 멤버변수(인스턴스변수)
                     static int cv; // 멤버변수(클래스변수)
public
protected            void method() {}
(default)         }
private
```

4.7 접근 제어자를 이용한 캡슐화

접근 제어자를 사용하는 이유

- 외부로부터 데이터를 보호하기 위해서
- 외부에는 불필요한, 내부적으로만 사용되는, 부분을 감추기 위해서

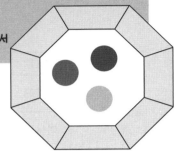

```java
class Time {
    private int hour;
    private int minute;
    private int second;

    Time(int hour, int minute, int second) {
        setHour(hour);
        setMinute(minute);
        setSecond(second);
    }

    public int getHour() {        return hour; }

    public void setHour(int hour) {
        if (hour < 0 || hour > 23) return;
        this.hour = hour;
    }

    ... 중간 생략 ...

    public String toString() {
        return hour + ":" + minute + ":" + second;
    }
}
```

```java
public static void main(String[] args) {
    Time t = new Time(12, 35, 30);
    // System.out.println(t.toString());
    System.out.println(t);
    // t.hour = 13;   에러!!!

    // 현재시간보다 1시간 후로 변경한다.
    t.setHour(t.getHour()+1);
    System.out.println(t);
}
```

```
---------- java ----------
12:35:30
13:35:30
출력 완료 (0초 경과)
```

203

4.8 생성자의 접근 제어자

- 일반적으로 생성자의 접근 제어자는 클래스의 접근 제어자와 일치한다.

- 생성자에 접근 제어자를 사용함으로써 인스턴스의 생성을 제한할 수 있다.

```java
final class Singleton {
    private static Singleton s = new Singleton();

    private Singleton() { // 생성자
        //...
    }

    public static Singleton getInstance() {
        if(s==null) {
            s = new Singleton();
        }
        return s;
    }

    //...
}
```

getInstance()에서 사용될 수 있도록 인스턴스가 미리 생성되어야 하므로 static이어야 한다.

```java
class SingletonTest {
    public static void main(String args[]) {
//        Singleton s = new Singleton();   에러!!!
        Singleton s1 = Singleton.getInstance();
    }
}
```

4.9 제어자의 조합

대 상	사용가능한 제어자
클래스	public, (default), final, abstract
메서드	모든 접근 제어자, final, abstract, static
멤버변수	모든 접근 제어자, final, static
지역변수	final

1. 메서드에 static과 abstract를 함께 사용할 수 없다.
- static메서드는 몸통(구현부)이 있는 메서드에만 사용할 수 있기 때문이다.

2. 클래스에 abstract와 final을 동시에 사용할 수 없다.
- 클래스에 사용되는 final은 클래스를 확장할 수 없다는 의미이고, abstract는 상속을 통해서 완성되어야 한다는 의미이므로 서로 모순되기 때문이다.

3. abstract메서드의 접근제어자가 private일 수 없다.
- abstract메서드는 자손클래스에서 구현해주어야 하는데 접근 제어자가 private이면, 자손클래스에서 접근할 수 없기 때문이다.

4. 메서드에 private과 final을 같이 사용할 필요는 없다.
- 접근 제어자가 private인 메서드는 오버라이딩될 수 없기 때문이다. 이 둘 중 하나만 사용해도 의미가 충분하다.

5. 다형성(polymorphism)

5.1 다형성(polymorphism)이란?(1/3)

- "여러 가지 형태를 가질 수 있는 능력"

- "하나의 참조변수로 여러 타입의 객체를 참조할 수 있는 것"

  즉, 조상타입의 참조변수로 자손타입의 객체를 다룰 수 있는 것이 다형성.

```
class Tv {
    boolean power;  // 전원상태(on/off)
    int channel;    // 채널

    void power(){   power = !power;}
    void channelUp(){   ++channel; }
    void channelDown(){ --channel; }
}

class CaptionTv extends Tv {
    String text;    // 캡션내용
    void caption() { /* 내용생략 */}
}
```

```
Tv          t = new Tv();
CaptionTv c = new CaptionTv();
```

```
Tv          t  = new CaptionTv();
```

```
CaptionTv c = new CaptionTv();

Tv          t = new CaptionTv();
```

5.1 다형성(polymorphism)이란?(2/3)

"하나의 참조변수로 여러 타입의 객체를 참조할 수 있는 것"

즉, 조상타입의 참조변수로 자손타입의 객체를 다룰 수 있는 것이 다형성.

```
CaptionTv c = new CaptionTv();

Tv          t = new CaptionTv();
```

```
class Tv {
    boolean power;  // 전원상태(on/off)
    int channel;    // 채널

    void power(){   power = !power;}
    void channelUp(){   ++channel; }
    void channelDown(){ --channel; }
}

class CaptionTv extends Tv {
    String text;    // 캡션내용
    void caption() { /* 내용생략 */}
}
```

5.1 다형성(polymorphism)이란?(3/3)

"조상타입의 참조변수로 자손타입의 인스턴스를 참조할 수 있지만,
반대로 자손타입의 참조변수로 조상타입의 인스턴스를 참조할 수는 없다."

```
Tv t = new CaptionTv();

CaptionTv c = new Tv();
```

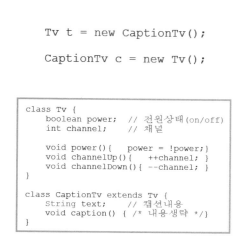

```java
class Tv {
    boolean power;  // 전원상태(on/off)
    int channel;    // 채널

    void power(){   power = !power;}
    void channelUp(){   ++channel; }
    void channelDown(){ --channel; }
}

class CaptionTv extends Tv {
    String text;    // 캡션내용
    void caption() { /* 내용생략 */}
}
```

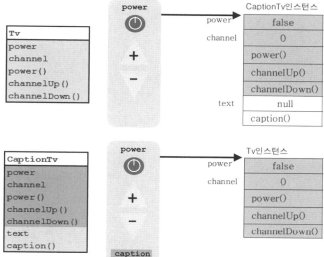

5.2 참조변수의 형변환

- 서로 상속관계에 있는 타입간의 형변환만 가능하다.
- 자손 타입에서 조상타입으로 형변환하는 경우, 형변환 생략가능

> 자손타입 → 조상타입 (Up-casting)   : 형변환 생략가능
> 자손타입 ← 조상타입 (Down-casting) : 형변환 생략불가

```java
class Car {
    String color;
    int door;

    void drive() {  // 운전하는 기능
        System.out.println("drive, Brrrr~");
    }

    void stop() {   // 멈추는 기능
        System.out.println("stop!!!");
    }
}

class FireEngine extends Car {  // 소방차
    void water() {  // 물뿌리는 기능
        System.out.println("water!!!");
    }
}

class Ambulance extends Car {   // 구급차
    void siren() {  // 사이렌을 울리는 기능
        System.out.println("siren~~~");
    }
}
```

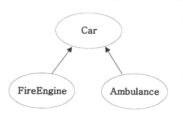

```
FireEngine f
Ambulance a;

a = (Ambulance)f;
f = (FireEngine)a;
```

5.2 참조변수의 형변환 - 예제설명

```java
class Car {
    String color;
    int door;

    void drive() {   // 운전하는 기능
        System.out.println("drive, Brrrr~");
    }

    void stop() {    // 멈추는 기능
        System.out.println("stop!!!");
    }
}

class FireEngine extends Car {   // 소방차
    void water() {   // 물뿌리는 기능
        System.out.println("water!!!");
    }
}

class Ambulance extends Car {    // 구급차
    void siren() {   // 사이렌을 울리는 기능
        System.out.println("siren~~~");
    }
}
```

```java
public static void main(String args[]) {
    Car car = null;
    FireEngine fe = new FireEngine();
    FireEngine fe2 = null;

    fe.water();
    car = fe;    // car = (Car)fe; 조상 <- 자손
//  car.water();
    fe2 = (FireEngine)car; // 자손 <- 조상
    fe2.water();
}
```

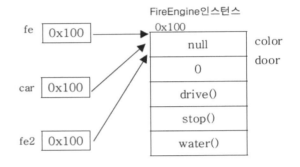

5.3 instanceof연산자

- 참조변수가 참조하는 인스턴스의 실제 타입을 체크하는데 사용.

- 이항연산자이며 피연산자는 참조형 변수와 타입. 연산결과는 true, false.

- instanceof의 연산결과가 true이면, 해당 타입으로 형변환이 가능하다.

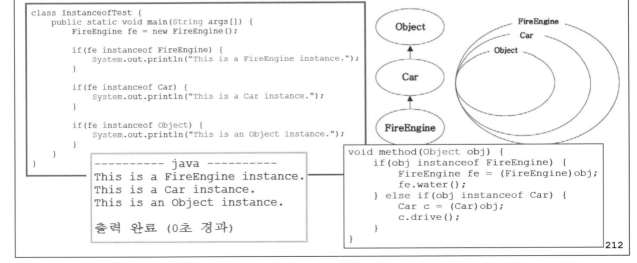

5.4 참조변수와 인스턴스변수의 연결

- 멤버변수가 중복정의된 경우, 참조변수의 타입에 따라 연결되는 멤버변수가 달라진다. (참조변수타입에 영향받음)

- 메서드가 중복정의된 경우, 참조변수의 타입에 관계없이 항상 실제 인스턴스의 타입에 정의된 메서드가 호출된다.(참조변수타입에 영향받지 않음)

```java
class Parent {
    int x = 100;

    void method() {
        System.out.println("Parent Method");
    }
}

class Child extends Parent {
    int x = 200;

    void method() {
        System.out.println("Child Method");
    }
}
```

```
p.x = 100
Child Method
c.x = 200
Child Method
```

```java
class Parent {
    int x = 100;

    void method() {
        System.out.println("Parent Method");
    }
}

class Child extends Parent { }
```

```
p.x = 100
Parent Method
c.x = 100
Parent Method
```

```java
public static void main(String[] args) {
    Parent p = new Child();
    Child c = new Child();

    System.out.println("p.x = " + p.x);
    p.method();

    System.out.println("c.x = " + c.x);
    c.method();
}
```

5.5 매개변수의 다형성

- 참조형 매개변수는 메서드 호출시, 자신과 같은 타입 또는 자손타입의 인스턴스를 넘겨줄 수 있다.

```java
class Product {
    int price;        // 제품가격
    int bonusPoint; // 보너스점수
}

class Tv extends Product {}
class Computer extends Product {}
class Audio extends Product {}

class Buyer { // 물건사는 사람
    int money = 1000;    // 소유금액
    int bonusPoint = 0; // 보너스점수
}
```

```java
Buyer b = new Buyer();

Tv tv = new Tv();
Computer com = new Computer();

b.buy(tv);
b.buy(com);
```

```java
Product p1 = new Tv();
Product p2 = new Computer();
Product p3 = new Audio();
```

```java
void buy(Tv t) {
    money -= t.price;
    bonusPoint += t.bonusPoint;
}
```

```java
void buy(Product p) {
    money -= p.price;
    bonusPoint += p.bonusPoint;
}
```

5.6 여러 종류의 객체를 하나의 배열로 다루기(1/3)

- 조상타입의 배열에 자손들의 객체를 담을 수 있다.

```
Product p1 = new Tv();
Product p2 = new Computer();
Product p3 = new Audio();
```

```
Product p[] = new Product[3];
p[0] = new Tv();
p[1] = new Computer();
p[2] = new Audio();
```

```
class Buyer { // 물건사는 사람
    int money = 1000;    // 소유금액
    int bonusPoint = 0; // 보너스점수

    Product[] cart = new Product[10]; // 구입한 물건을 담을 배열

    int i=0;

    void buy(Product p) {
        if(money < p.price) {
            System.out.println("잔액부족");
            return;
        }

        money -= p.price;
        bonusPoint += p.bonusPoint;
        cart[i++] = p;
    }
}
```

= *Memo* =

Java의 정석

제 7 장
객체지향개념 II-3

---

1. 상속
2. 오버라이딩
3. package와 import

→ 객체지향개념 II-1

4. 제어자
5. 다형성

→ 객체지향개념 II-2

6. 추상클래스
7. 인터페이스

→ 객체지향개념 II-3

6. 추상클래스(abstract class)

    6.1 추상클래스(abstract class)란?

    6.2 추상메서드(abstract method)란?

    6.3 추상클래스의 작성

7. 인터페이스(interface)

    7.1 인터페이스(interface)란?

    7.2 인터페이스의 작성

    7.3 인터페이스의 상속

    7.4 인터페이스의 구현

    7.5 인터페이스를 이용한 다형성

    7.6 인터페이스의 장점

    7.7 인터페이스의 이해

    7.8 디폴트 메서드(default method)

8. 내부 클래스(inner class)

    8.1 내부 클래스(inner class)란?

    8.2 내부 클래스의 종류와 특징

    8.3 내부 클래스의 제어자와 접근성

    8.4 익명 클래스(anonymous class)

6. 추상클래스
(abstract class)

6.1 추상클래스(abstract class)란?

- 클래스가 설계도라면 추상클래스는 '미완성 설계도'
- 추상메서드(미완성 메서드)를 포함하고 있는 클래스
  * 추상메서드 : 선언부만 있고 구현부(몸통, body)가 없는 메서드

```
abstract class Player {
    int currentPos;              // 현재 Play되고 있는 위치를 저장하기 위한 변수

    Player() {                   // 추상클래스도 생성자가 있어야 한다.
        currentPos = 0;
    }

    abstract void play(int pos);    // 추상메서드
    abstract void stop();           // 추상메서드

    void play() {
        play(currentPos);           // 추상메서드를 사용할 수 있다.
    }
    ...
}
```

- 일반메서드가 추상메서드를 호출할 수 있다.(호출할 때 필요한 건 선언부)
- 완성된 설계도가 아니므로 인스턴스를 생성할 수 없다.
- 다른 클래스를 작성하는 데 도움을 줄 목적으로 작성된다.

6.2 추상메서드(abstract method)란?

- 선언부만 있고 구현부(몸통, body)가 없는 메서드

```
/* 주석을 통해 어떤 기능을 수행할 목적으로 작성하였는지 설명한다. */
abstract 리턴타입 메서드이름();

Ex)
/* 지정된 위치(pos)에서 재생을 시작하는 기능이 수행되도록 작성한다.*/
abstract void play(int pos);
```

- 꼭 필요하지만 자손마다 다르게 구현될 것으로 예상되는 경우에 사용
- 추상클래스를 상속받는 자손클래스에서 추상메서드의 구현부를 완성해야
  한다.

```
abstract class Player {
    ...
    abstract void play(int pos);      // 추상메서드
    abstract void stop();             // 추상메서드
    ...
}

class AudioPlayer extends Player {
    void play(int pos) { /* 내용 생략 */ }
    void stop() { /* 내용 생략 */ }
}

abstract class AbstractPlayer extends Player {
    void play(int pos) { /* 내용 생략 */ }
}
```

6.3 추상클래스의 작성

- 여러 클래스에 공통적으로 사용될 수 있는 추상클래스를 바로 작성하거나
  기존클래스의 공통 부분을 뽑아서 추상클래스를 만든다.

```
class Marine {   // 보병
    int x, y;      // 현재 위치
    void move(int x, int y) { /* 지정된 위치로 이동 */ }
    void stop()             { /* 현재 위치에 정지 */ }
    void stimPack()         { /* 스팀팩을 사용한다.*/ }
}

class Tank {    // 탱크
    int x, y;      // 현재 위치
    void move(int x, int y) { /* 지정된 위치로 이동 */ }
    void stop()             { /* 현재 위치에 정지 */ }
    void changeMode()       { /* 공격모드를 변환한다. */ }
}

class Dropship {  // 수송선
    int x, y;      // 현재 위치
    void move(int x, int y) { /* 지정된 위치로 이동 */ }
    void stop()             { /* 현재 위치에 정지 */ }
    void load()             { /* 선택된 대상을 태운다.*/ }
    void unload()           { /* 선택된 대상을 내린다.*/ }
}
```

```
abstract class Unit {
    int x, y;
    abstract void move(int x, int y);
    void stop() {        /* 현재 위치에 정지 */ }
}

class Marine extends Unit {   // 보병
    void move(int x, int y) { /* 지정된 위치로 이동 */ }
    void stimPack()         { /* 스팀팩을 사용한다.*/ }
}

class Tank extends Unit {    // 탱크
    void move(int x, int y) { /* 지정된 위치로 이동 */ }
    void changeMode()       { /* 공격모드를 변환한다. */ }
}

class Dropship extends Unit {  // 수송선
    void move(int x, int y) { /* 지정된 위치로 이동 */ }
    void load()             { /* 선택된 대상을 태운다.*/ }
    void unload()           { /* 선택된 대상을 내린다.*/ }
}
```

```
Unit[] group = new Unit[4];
group[0] = new Marine();
group[1] = new Tank();
group[2] = new Marine();
group[3] = new Dropship();

for(int i=0;i< group.length;i++) {
    group[i].move(100, 200);
}
```

추상메서드가 호출되는 것이 아
니라 각 자손들에 실제로 구현된
move(int x, int y)가 호출된다.

7. 인터페이스(interface)

7.1 인터페이스(interface)란?

- 일종의 추상클래스. 추상클래스(미완성 설계도)보다 추상화 정도가 높다.

- 실제 구현된 것이 전혀 없는 기본 설계도.(알맹이 없는 껍데기)

- 추상메서드와 상수만을 멤버로 가질 수 있다.

- 인스턴스를 생성할 수 없고, 클래스 작성에 도움을 줄 목적으로 사용된다.

- 미리 정해진 규칙에 맞게 구현하도록 표준을 제시하는 데 사용된다.

7.2 인터페이스의 작성

- 'class'대신 'interface'를 사용한다는 것 외에는 클래스 작성과 동일하다.

```
interface 인터페이스이름 {
    public static final 타입 상수이름 = 값;
    public abstract 메서드이름(매개변수목록);
}
```

- 하지만, 구성요소(멤버)는 추상메서드와 상수만 가능하다.

  - 모든 멤버변수는 public static final 이어야 하며, 이를 생략할 수 있다.
  - 모든 메서드는 public abstract 이어야 하며, 이를 생략할 수 있다.

```
interface PlayingCard {
    public static final int SPADE = 4;
    final int DIAMOND = 3;      // public static final int DIAMOND = 3;
    static int HEART = 2;       // public static final int HEART = 2;
    int CLOVER = 1;             // public static final int CLOVER = 1;

    public abstract String getCardNumber();
    String getCardKind(); // public abstract String getCardKind();
}
```

7.3 인터페이스의 상속

- 인터페이스도 클래스처럼 상속이 가능하다.(클래스와 달리 다중상속 허용)

```
interface Movable {
    /** 지정된 위치(x, y)로 이동하는 기능의 메서드 */
    void move(int x, int y);
}

interface Attackable {
    /** 지정된 대상(u)을 공격하는 기능의 메서드 */
    void attack(Unit u);
}

interface Fightable extends Movable, Attackable { }
```

- 인터페이스는 Object클래스와 같은 최고 조상이 없다.

7.4 인터페이스의 구현

- 인터페이스를 구현하는 것은 클래스를 상속받는 것과 같다.
  다만, 'extends' 대신 'implements'를 사용한다.

```
class 클래스이름 implements 인터페이스이름 {
    // 인터페이스에 정의된 추상메서드를 구현해야한다.
}
```

- 인터페이스에 정의된 추상메서드를 완성해야 한다.

```
class Fighter implements Fightable {
    public void move(int x, int y){ /* 내용 생략*/ }
    public void attack() { /* 내용 생략*/ }
}

interface Fightable {
    void move(int x, int y);
    void attack(Unit u);
}
```

```
abstract class Fighter implements Fightable {
    public void move(int x, int y){
        /* 내용 생략*/ }
}
```

- 상속과 구현이 동시에 가능하다.

```
class Fighter extends Unit implements Fightable {
    public void move(int x, int y) { /* 내용 생략 */}
    public void attack(Unit u) { /* 내용 생략 */}
}
```

7.5 인터페이스를 이용한 다형성

- 인터페이스 타입의 변수로 인터페이스를 구현한 클래스의 인스턴스를
  참조할 수 있다.

```
class Fighter extends Unit implements Fightable {
    public void move(int x, int y)  { /* 내용 생략 */ }
    public void attack(Fightable f) { /* 내용 생략 */ }
}
```

```
Fighter   f = new Fighter();
Fightable f = new Fighter();
```

- 인터페이스를 메서드의 매개변수 타입으로 지정할 수 있다.

```
void attack(Fightable f) {  // Fightable인터페이스를 구현한 클래스의 인스턴스를
    //...                    // 매개변수로 받는 메서드
}
```

- 인터페이스를 메서드의 리턴타입으로 지정할 수 있다.

```
Fightable method() { // Fightable인터페이스를 구현한 클래스의 인스턴스를 반환
    // ...
    return new Fighter();
}
```

7.6 인터페이스의 장점

1. 개발시간을 단축시킬 수 있다.

일단 인터페이스가 작성되면, 이를 사용해서 프로그램을 작성하는 것이 가능하다. 메서드를 호출하는 쪽에서는 선언부만 알면 되기 때문이다.

동시에 다른 한 쪽에서는 인터페이스를 구현하는 클래스를 작성하도록 하여, 인터페이스를 구현하는 클래스가 작성될 때까지 기다리지 않고 양쪽에서 동시에 개발을 진행할 수 있다.

2. 표준화가 가능하다.

프로젝트에 사용되는 기본 틀을 인터페이스로 작성한 다음, 개발자들에게 인터페이스를 구현하여 프로그램을 작성하도록 함으로써 보다 일관되고 정형화된 프로그램의 개발이 가능하다.

3. 서로 관계없는 클래스들에게 관계를 맺어 줄 수 있다.

서로 상속관계에 있지도 않고, 같은 조상클래스를 가지고 있지 않은 서로 아무런 관계도 없는 클래스들에게 하나의 인터페이스를 공통적으로 구현하도록 함으로써 관계를 맺어 줄 수 있다.

4. 독립적인 프로그래밍이 가능하다.

인터페이스를 이용하면 클래스의 선언과 구현을 분리시킬 수 있기 때문에 실제구현에 독립적인 프로그램을 작성하는 것이 가능하다.

클래스와 클래스간의 직접적인 관계를 인터페이스를 이용해서 간접적인 관계로 변경하면, 한 클래스의 변경이 관련된 다른 클래스에 영향을 미치지 않는 독립적인 프로그래밍이 가능하다.

7.6 인터페이스의 장점 – 예제

```
interface Repairable {}

class GroundUnit extends Unit {
    GroundUnit(int hp) {
        super(hp);
    }
}

class AirUnit extends Unit {
    AirUnit(int hp) {
        super(hp);
    }
}

class Unit {
    int hitPoint;
    final int MAX_HP;
    Unit(int hp) {
        MAX_HP = hp;
    }
}
```

```
class Tank extends GroundUnit implements Repairable {
    Tank() {
        super(150);      // Tank의 HP는 150이다.
        hitPoint = MAX_HP;
    }

    public String toStr
        return "Tank";
    }
}
```

```
class Marine extends GroundUnit {
    Marine() {
        super(40);
        hitPoint = MAX_HP;
    }
}
```

```
class SCV extends GroundUnit implements Repairable{
    SCV() {
        super(60);
        hitPoint = MAX_HP;
    }

    void repair(Repairable r) {
        if (r instanceof Unit) {
            Unit u = (Unit)r;
            while(u.hitPoint!=u.MAX_HP) {
                u.hitPoint++;  // Unit의 HP를 증가시킨다.
            }
        }
    } // repair(Repairable r) {
}
```

```
public static void main(String[] a
    Tank tank = new Tank();
    Marine marine = new Marine();
    SCV scv = new SCV();

    scv.repair(tank);   // SCV가 Tank를 수리한다.
 // scv.repair(marine); // 에러!!!
}
```

7.7 인터페이스의 이해(1/3)

▶ 인터페이스는...
- 두 대상(객체) 간의 '연결, 대화, 소통'을 돕는 '중간 역할'을 한다.
- 선언(설계)와 구현을 분리시키는 것을 가능하게 한다.

```
class B {
    public void method() {
        System.out.println("methodInB");
    }
}
```
B

```
interface I {
    public void method();
}

class B implements I {
    public void method() {
        System.out.println("methodInB");
    }
}
```
I / B

▶ 인터페이스를 이해하려면 먼저 두 가지를 기억하자.
- 클래스를 사용하는 쪽(User)과 클래스를 제공하는 쪽(Provider)이 있다.
- 메서드를 사용(호출)하는 쪽(User)에서는 사용하려는 메서드(Provider)의 선언부만 알면 된다.

A
(User) → B
(Provider)

7.7 인터페이스의 이해(2/3)

▶ 직접적인 관계의 두 클래스(A-B)   ▶ 간접적인 관계의 두 클래스(A-I-B)

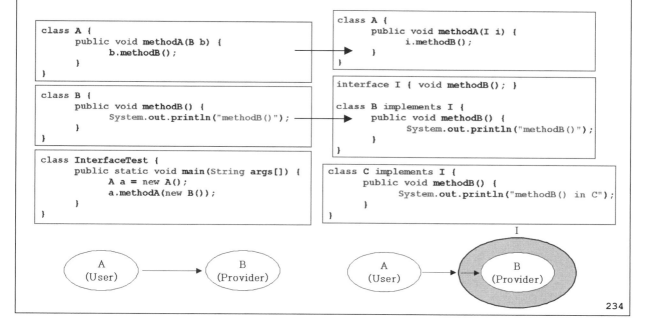

```
class A {
    public void methodA(B b) {
        b.methodB();
    }
}
```

```
class B {
    public void methodB() {
        System.out.println("methodB()");
    }
}
```

```
class InterfaceTest {
    public static void main(String args[]) {
        A a = new A();
        a.methodA(new B());
    }
}
```

```
class A {
    public void methodA(I i) {
        i.methodB();
    }
}
```

```
interface I { void methodB(); }

class B implements I {
    public void methodB() {
        System.out.println("methodB()");
    }
}
```

```
class C implements I {
    public void methodB() {
        System.out.println("methodB() in C");
    }
}
```

I

A
(User) → B
(Provider)

A
(User) → B
(Provider)

7.7 인터페이스의 이해(3/3)

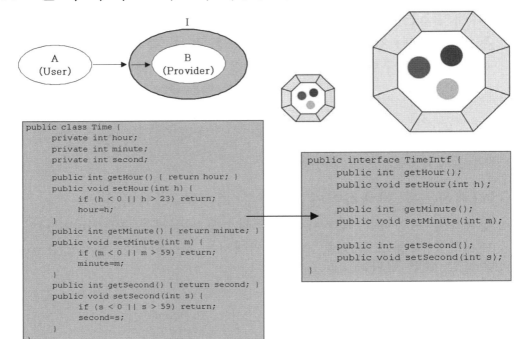

```java
public class Time {
    private int hour;
    private int minute;
    private int second;

    public int getHour() { return hour; }
    public void setHour(int h) {
        if (h < 0 || h > 23) return;
        hour=h;
    }
    public int getMinute() { return minute; }
    public void setMinute(int m) {
        if (m < 0 || m > 59) return;
        minute=m;
    }
    public int getSecond() { return second; }
    public void setSecond(int s) {
        if (s < 0 || s > 59) return;
        second=s;
    }
}
```

```java
public interface TimeIntf {
    public int  getHour();
    public void setHour(int h);

    public int  getMinute();
    public void setMinute(int m);

    public int  getSecond();
    public void setSecond(int s);
}
```

7.8 디폴트 메서드(default method) – JDK1.8

- 인터페이스에 새로운 메서드(추상 메서드)를 추가하면?
  이 인터페이스를 구현한 기존의 모든 클래스가 이 메서드를 구현해야 함
- 이 문제를 해결하기 위해 '디폴트 메서드'를 고안
- 디폴트 메서드는 추상 메서드의 기본 구현을 제공한다. 그래서 몸통{}을
  가지고 있으며, 앞에 'default'를 붙이고 항상 public이다.(생략 가능)

```java
interface MyInterface {
   void method();
   void newMethod(); // 추상 메서드
}
```

```java
interface MyInterface {
   void method();
   default void newMethod(){}
}
```

1. 여러 인터페이스의 디폴트 메서드 간의 충돌
- 인터페이스를 구현한 클래스에서 디폴트 메서드를 오버라이딩해야 한다.

2. 디폴트 메서드와 조상 클래스의 메서드 간의 충돌
- 조상 클래스의 메서드가 상속되고, 디폴트 메서드는 무시된다.

8. 내부 클래스(inner class)

8.1 내부 클래스(inner class)란?

- 클래스 안에 선언된 클래스
- 특정 클래스 내에서만 주로 사용되는 클래스를 내부 클래스로 선언한다.
- GUI어플리케이션(AWT, Swing)의 이벤트처리에 많이 사용된다.

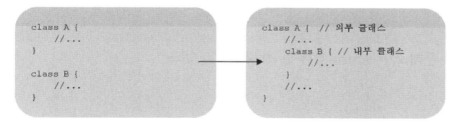

```
class A {
    //...
}

class B {
    //...
}
```

```
class A { // 외부 클래스
    //...
    class B { // 내부 클래스
        //...
    }
    //...
}
```

▶ 내부 클래스의 장점

- 내부 클래스에서 외부 클래스의 멤버들을 쉽게 접근할 수 있다.
- 코드의 복잡성을 줄일 수 있다.(캡슐화)

8.2 내부 클래스의 종류와 특징

- 내부 클래스의 종류는 변수의 선언위치에 따른 종류와 동일하다.
- 유효범위와 성질도 변수와 유사하므로 비교해보면 이해하기 쉽다.

내부 클래스	특 징
인스턴스 클래스 (instance class)	외부 클래스의 멤버변수 선언위치에 선언하며, 외부 클래스의 인스턴스멤버처럼 다루어진다. 주로 외부 클래스의 인스턴스멤버들과 관련된 작업에 사용될 목적으로 선언된다.
스태틱 클래스 (static class)	외부 클래스의 멤버변수 선언위치에 선언하며, 외부 클래스의 static멤버처럼 다루어진다. 주로 외부 클래스의 static멤버, 특히 static메서드에서 사용될 목적으로 선언된다.
지역 클래스 (local class)	외부 클래스의 메서드나 초기화블럭 안에 선언하며, 선언된 영역 내부에서만 사용될 수 있다.
익명 클래스 (anonymous class)	클래스의 선언과 객체의 생성을 동시에 하는 이름없는 클래스(일회용)

```
class Outer {
    int iv=0;
    static int cv=0;

    void myMethod() {
        int lv=0;
    }
}
```
↔
```
class Outer {
    class InstanceInner {}
    static class StaticInner {}

    void myMethod() {
        class LocalInner {}
    }
}
```

8.3 내부 클래스의 제어자와 접근성(1/5)

- 내부 클래스의 접근제어자는 변수에 사용할 수 있는 접근제어자와 동일하다.

```
class Outer {
    private int iv=0;
    protected static int cv=0;

    void myMethod() {
        int lv=0;
    }
}
```
↔
```
class Outer {
    private class InstanceInner {}
    protected static class StaticInner {}

    void myMethod() {
        class LocalInner {}
    }
}
```

- static클래스만 static멤버를 정의할 수 있다.

```
class InnerEx1 {
    class InstanceInner {
        int iv = 100;
//      static int cv = 100;            // 에러! static변수를 선언할 수 없다.
        final static int CONST = 100;   // final static은 상수이므로 허용한다.
    }

    static class StaticInner {
        int iv = 200;
        static int cv = 200;
    }

    void myMethod() {
        class LocalInner {
            int iv = 300;
//          static int cv = 300;            // 에러! static변수를 선언할 수 없다.
            final static int CONST = 300; // final static은 상수이므로 허용
        }
    } // void myMethod() {
}
```

```
class InnerTest {
    public static void main(String args[]) {
        System.out.println(InnerEx1.InstanceInner.CONST);
        System.out.println(InnerEx1.StaticInner.cv);
    }
}
```

8.3 내부 클래스의 제어자와 접근성(2/5)

- 내부 클래스도 외부 클래스의 멤버로 간주되며, 동일한 접근성을 갖는다.

```
class InnerEx2 {
  class InstanceInner {}
  static class StaticInner {}

  InstanceInner iv = new InstanceInner();    // 인스턴스멤버 간에는 서로 직접 접근이 가능하다.
  static StaticInner cv = new StaticInner(); // static 멤버 간에는 서로 직접 접근이 가능하다.

  static void staticMethod() {
//    InstanceInner obj1 = new InstanceInner(); // static멤버는 인스턴스멤버에 직접 접근할 수 없다.
      StaticInner obj2 = new StaticInner();

      // 굳이 접근하려면 아래와 같이 객체를 생성해야한다.
      InnerEx2 outer = new InnerEx2();
      InstanceInner obj1 = outer.new InstanceInner();
  }

  void instanceMethod() {
      InstanceInner obj1 = new InstanceInner();
      StaticInner obj2 = new StaticInner();
//    LocalInner lv = new LocalInner();
  }

  void myMethod() {
      class LocalInner {}
      LocalInner lv = new LocalInner();
  }
}
```

> 인스턴스클래스는 외부 클래스를 먼저 생성해야만 생성할 수 있다.

> 인스턴스메서드에서는 인스턴스멤버와 static멤버 모두 접근 가능하다.

> 메서드 내에 지역적으로 선언된 내부 클래스는 외부에서 접근할 수 없다.

8.3 내부 클래스의 제어자와 접근성(3/5)

- 외부 클래스의 지역변수는 final이 붙은 변수(상수)만 접근가능하다.
  지역 클래스의 인스턴스가 소멸된 지역변수를 참조할 수 있기 때문이다.

```
class Outer {
  private int outerIv = 0;
  static  int outerCv = 0;

  class InstanceInner {
    int iiv  = outerIv;  // 외부 클래스의 private멤버도 접근가능하다.
    int iiv2 = outerCv;
  }

  static class StaticInner {
// 스태틱 클래스는 외부 클래스의 인스턴스멤버에 접근할 수 없다.
//    int siv = outerIv;
      static int scv = outerCv;
  }

  void myMethod() {
    int lv = 0;
    final int LV = 0;  // JDK1.8부터 final 생략 가능

    class LocalInner {
        int liv  = outerIv;
        int liv2 = outerCv;
// 외부 클래스의 지역변수는 final이 붙은 변수(상수)만 접근가능하다.
//      int liv3 = lv;    // 에러!!!(JDK1.8부터 에러 아님)
        int liv4 = LV;    // OK
    }
  }
}
```

8.3 내부 클래스의 제어자와 접근성(4/5)

```
class Outer {
    class InstanceInner {
        int iv=100;
    }
    static class StaticInner {
        int iv=200;
        static int cv=300;
    }
    void myMethod() {
        class LocalInner {
            int iv=400;
        }
    }
}
```

```
InnerEx4.class
Outer.class
Outer$InstanceInner.class
Outer$StaticInner.class
Outer$1LocalInner.class
```

```
class InnerEx4 {
    public static void main(String[] args) {
        // 인스턴스클래스의 인스턴스를 생성하려면
        // 외부 클래스의 인스턴스를 먼저 생성해야한다.
        Outer oc = new Outer();
        Outer.InstanceInner ii = oc.new InstanceInner();

        System.out.println("ii.iv : "+ ii.iv);
        System.out.println("Outer.StaticInner.cv : "+ Outer.StaticInner.cv);

        // 스태틱 내부 클래스의 인스턴스는 외부 클래스를 먼저 생성하지 않아도 된다.
        Outer.StaticInner si = new Outer.StaticInner();
        System.out.println("si.iv : "+ si.iv);
    }
}
```

8.3 내부 클래스의 제어자와 접근성(5/5)

```
class Outer {
    int value=10;     // Outer.this.value

    class Inner {
        int value=20;      // this.value
        void method1() {
            int value=30;
            System.out.println("         value :" + value);
            System.out.println("      this.value :" + this.value);
            System.out.println("Outer.this.value :" + Outer.this.value);
        }
    } // Inner클래스의 끝
} // Outer클래스의 끝

class InnerEx5 {
    public static void main(String args[]) {
        Outer outer = new Outer();
        Outer.Inner inner = outer.new Inner();
        inner.method1();
    }
} // InnerEx5 끝
```

```
[실행결과]
            value :30
       this.value :20
Outer.this.value :10
```

8.4 익명 클래스(anonymous class)

- 이름이 없는 일회용 클래스. 선언과 생성을 동시에. 하나의 객체만 생성가능

```
new 조상클래스이름() {
    // 멤버 선언
}

    또는

new 구현인터페이스이름() {
    // 멤버 선언
}
```

[예제10-6]/ch10/InnerEx6.java

```java
class InnerEx6 {
    Object iv = new Object(){ void method(){} };        // 익명클래스
    static Object cv = new Object(){ void method(){} };// 익명클래스

    void myMethod() {
        Object lv = new Object(){ void method(){} };   // 익명클래스
    }
}
```

```
InnerEx6.class
InnerEx6$1.class ← 익명클래스
InnerEx6$2.class ← 익명클래스
InnerEx6$3.class ← 익명클래스
```

8.4 익명 클래스(anonymous class) - 예제

```java
import java.awt.*;
import java.awt.event.*;

class  InnerEx7{
    public static void main(String[] args) {
        Button b = new Button("Start");
        b.addActionListener(new EventHandler());
    }
}

class EventHandler implements ActionListener {
    public void actionPerformed(ActionEvent e) {
        System.out.println("ActionEvent occurred!!!");
    }
}
```

```java
import java.awt.*;
import java.awt.event.*;

class  InnerEx8 {
    public static void main(String[] args) {
        Button b = new Button("Start");
        b.addActionListener(new ActionListener() {
                public void actionPerformed(ActionEvent e) {
                    System.out.println("ActionEvent occurred!!!");
                }
            } // 익명 클래스의 끝
        );
    } // main메서드의 끝
} // InnerEx8클래스의 끝
```

Java의 정석

제 8 장

예외처리
(exception handling)

1. 예외처리(exception handling)

1.1 프로그램 오류

▶ 컴파일 에러(compile-time error)와 런타임 에러(runtime error)

. 컴파일 에러 – 컴파일할 때 발생하는 에러

. 런타임 에러 – 실행할 때 발생하는 에러

. 논리적 에러 – 의도와 다르게 동작(실행시)

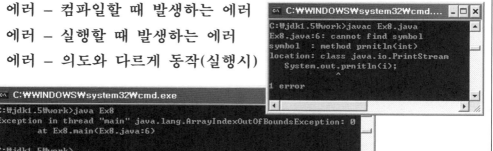

▶ Java의 런타임 에러 – 에러(error)와 예외(exception)

에러(error) – 프로그램 코드에 의해서 수습될 수 없는 심각한 오류

예외(exception) – 프로그램 코드에 의해서 수습될 수 있는 다소 미약한 오류

1.2 예외처리의 정의와 목적

- 에러(error)는 어쩔 수 없지만, 예외(exception)는 처리해야 한다.

> 에러(error) - 프로그램 코드에 의해서 수습될 수 없는 심각한 오류
>
> 예외(exception) - 프로그램 코드에 의해서 수습될 수 있는 다소 미약한 오류

- 예외처리의 정의와 목적

> 예외처리(exception handling)의
> 정의 - 프로그램 실행 시 발생할 수 있는 예외의 발생에 대비한 코드를 작성하는 것
> 목적 - 프로그램의 비정상 종료를 막고, 정상적인 실행상태를 유지하는 것

[참고] 에러와 예외는 모두 실행 시(runtime) 발생하는 오류이다.

1.3 예외처리구문 – try-catch

- 예외를 처리하려면 try-catch문을 사용해야 한다.

```
try {
    // 예외가 발생할 가능성이 있는 문장들을 넣는다.
} catch (Exception1 e1) {
    // Exception1이 발생했을 경우, 이를 처리하기 위한 문장을 적는다.
} catch (Exception2 e2) {
    // Exception2가 발생했을 경우, 이를 처리하기 위한 문장을 적는다.
...
} catch (ExceptionN eN) {
    // ExceptionN이 발생했을 경우, 이를 처리하기 위한 문장을 적는다.
}
```

[참고] if문과 달리 try블럭이나 catch블럭 내에 포함된 문장이 하나라고 해서 괄호{}를 생략할 수는 없다.

```
public static void main(String[] args)
{
    try {
        try {    } catch (Exception e) {
            //...
        }
    } catch (Exception e) {
        try {    } catch (Exception e) { // 컴파일 에러 발생 !!!
            //...
        }
    } // try-catch의 끝
}   // main메서드의 끝
```

1.4 try-catch문에서의 흐름

> ▶ try블럭 내에서 예외가 발생한 경우,
> 1. 발생한 예외와 일치하는 catch블럭이 있는지 확인한다.
> 2. 일치하는 catch블럭을 찾게 되면, 그 catch블럭 내의 문장들을 수행하고 전체 try-catch 문을 빠져나가서 그 다음 문장을 계속해서 수행한다. 만일 일치하는 catch블럭을 찾지 못 하면, 예외는 처리되지 못한다.
>
> ▶ try블럭 내에서 예외가 발생하지 않은 경우,
> 1. catch블럭을 거치지 않고 전체 try-catch문을 빠져나가서 수행을 계속한다.

```
class ExceptionEx4 {
   public static void main(String args[])    [실행결과]
       System.out.println(1);                1
       System.out.println(2);                2
                                             3
       try {                                 4
           System.out.println(3);            6
           System.out.println(4);
       } catch (Exception e) {
           System.out.println(5);
       } // try-catch의 끝
       System.out.println(6);
   }   // main메서드의 끝
}
```

```
class ExceptionEx5 {
   public static void main(String args[]) {    [실행결과]
       System.out.println(1);                  1
       System.out.println(2);                  2
       try {                                   3
           System.out.println(3);              5
           System.out.println(0/0);            6
           System.out.println(4);
       } catch (ArithmeticException ae)  {
           System.out.println(5);
       }    // try-catch의 끝
       System.out.println(6);
   }    // main메서드의 끝
}
```

1.5 예외 발생시키기

> 1. 먼저, 연산자 new를 이용해서 발생시키려는 예외 클래스의 객체를 만든 다음
>   Exception e = new Exception("고의로 발생시켰음");
>
> 2. 키워드 throw를 이용해서 예외를 발생시킨다.
>   throw e;

[예제8-6]/ch8/ExceptionEx6.java
```
class ExceptionEx6
{
   public static void main(String args[])
   {
       try {
           Exception e = new Exception("고의로 발생시켰음.");
           throw e; // 예외를 발생시킴
//         throw new Exception("고의로 발생시켰음.");

       } catch (Exception e) {
           System.out.println("에러 메시지 : " + e.getMessage());
           e.printStackTrace();

       System.out.println("프로그램이 정상 종료되
   }
}
```

위의 두 줄을 한 줄로
줄여 쓸 수 있다.

[실행결과]
에러 메시지 : 고의로 발생시켰음.
java.lang.Exception: 고의로 발생시켰음.
        at ExceptionEx6.main(ExceptionEx6.java:6)
프로그램이 정상 종료되었음.

1.6 예외 클래스의 계층구조(1/2)

- 예외 클래스는 크게 두 그룹으로 나뉜다.

> RuntimeException클래스들 - 프로그래머의 실수로 발생하는 예외 ← 예외처리 선택
> Exception클래스들 - 사용자의 실수와 같은 외적인 요인에 의해 발생하는 예외 ← 예외처리 필수

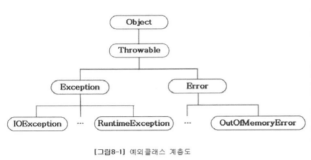

[그림8-1] 예외클래스 계층도

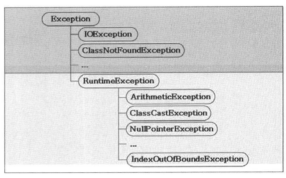

[그림8-2] Exception클래스와 RuntimeException클래스 중심의 상속계층도

1.6 예외 클래스의 계층구조(2/2)

> RuntimeException클래스들 - 프로그래머의 실수로 발생하는 예외 ← 예외처리 선택
> Exception클래스들 - 사용자의 실수와 같은 외적인 요인에 의해 발생하는 예외 ← 예외처리 필수

[예제8-7]/ch8/ExceptionEx7.java
```java
class ExceptionEx7
{
    public static void main(String[] args
    {
        throw new Exception();        // Exception을 강제로 발생시킨다.
    }
}
```

[예제8-8]/ch8/ExceptionEx8.java
```java
class ExceptionEx8 {
    public static void main(String[] args)
    {
        try {
            throw new Exception();
        } catch (Exception e) {
            System.out.println("Exception이 발생했습니다.");
        }
    } // main메서드의 끝
}
```

[예제8-9]/ch8/ExceptionEx9.java
```java
class ExceptionEx9 {
    public static void main(String[] args)
    {
        throw new RuntimeException(); // RuntimeException을 강제로 발생시킨다.
    }
}
```

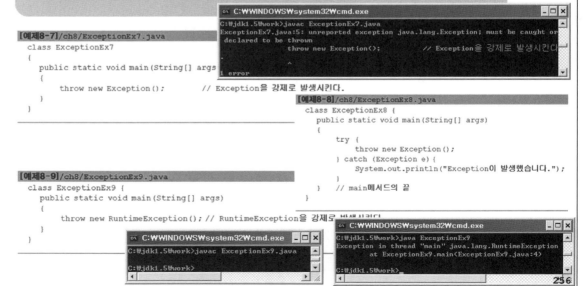

1.7 예외의 발생과 catch블럭(1/2)

- try블럭에서 예외가 발생하면, 발생한 예외를 처리할 catch블럭을 찾는다.
- 첫번째 catch블럭부터 순서대로 찾아 내려가며, 일치하는 catch블럭이 없으면 예외는 처리되지 않는다.
- 예외의 최고 조상인 Exception을 처리하는 catch블럭은 모든 종류의 예외를 처리할 수 있다.(반드시 마지막 catch블럭이어야 한다.)

[예제8-11]/ch8/ExceptionEx11.java

```
class ExceptionEx11 {
  public static void main(String args[]) {
      System.out.println(1);
      System.out.println(2);
      try {
          System.out.println(3);
          System.out.println(0/0);
          System.out.println(4);      // 실행되지 않는다.
      } catch (ArithmeticException ae)  {
          if (ae instanceof ArithmeticException)
              System.out.println("true");
              System.out.println("ArithmeticException");
      } catch (Exception e) {
          System.out.println("Exception");
      } // try-catch의 끝
      System.out.println(6);
  } // main메서드의 끝
}
```

0으로 나눠서
ArithmeticException을
발생시킨다.

ArithmeticException을
제외한 모든 예외가 처리된다.

```
C:\WINDOWS\system32\C...
C:\jdk1.5\work>java ExceptionEx11
1
2
3
true
ArithmeticException
6
```

257

1.7 예외의 발생과 catch블럭(2/2)

- 발생한 예외 객체를 catch블럭의 참조변수로 접근할 수 있다.

printStackTrace() - 예외발생 당시의 호출스택(Call Stack)에 있었던 메서드의 정보와 예외 메시지를 화면에 출력한다.
getMessage() - 발생한 예외클래스의 인스턴스에 저장된 메시지를 얻을 수 있다.

[예제8-12]/ch8/ExceptionEx12.java

```
class ExceptionEx12 {
  public static void main(String args[]) {
      System.out.println(1);
      System.out.println(2);
      try {
          System.out.println(3);
          System.out.println(0/0); // 예외발생!!!
          System.out.println(4);    // 실행되지 않는다.
      } catch (ArithmeticException ae)  {
          ae.printStackTrace();
          System.out.println("예외메시지 : " + ae.getMessage());
      }  // try-catch의 끝
      System.out.println(6);
  } // main메서드의 끝
}
```

참조변수 ae를 통해, 생성된 ArithmeticException인스턴스에 접근할 수 있다.

```
C:\WINDOWS\system32\CMD.exe
C:\jdk1.5\work>java ExceptionEx12
1
2
3
java.lang.ArithmeticException: / by zero
        at ExceptionEx12.main(ExceptionEx12.java:7)
예외메시지 : / by zero
6
```

258

1.8 finally블럭

- 예외의 발생여부와 관계없이 실행되어야 하는 코드를 넣는다.
- 선택적으로 사용할 수 있으며, try-catch-finally의 순서로 구성된다.
- 예외 발생시, try → catch → finally의 순서로 실행되고
  예외 미발생시, try → finally의 순서로 실행된다.
- try 또는 catch블럭에서 return문을 만나도 finally블럭은 수행된다.

```java
try {
    // 예외가 발생할 가능성이 있는 문장들을 넣는다.
} catch (Exception1 e1) {
    // 예외처리를 위한 문장을 적는다.
} finally {
    // 예외의 발생여부에 관계없이 항상 수행되어야하는 문장들을 넣는다.
    // finally블럭은 try-catch문의 맨 마지막에 위치해야한다.
}
```

1.8 finally블럭 - 예제

[예제8-15]/ch8/FinallyTest.java
```java
class FinallyTest {
    public static void main(String args[]) {
        try {
            startInstall();      // 프로그램 설치에 필요한 준비를 한다.
            copyFiles();         // 파일들을 복사한다.
            deleteTempFiles();   // 프로그램 설치에 사용된 임시파일들을 삭제한다.
        } catch (Exception e) {
            e.printStackTrace();
            deleteTempFiles();   // 프로그램 설치에 사용된 임
        } // try-catch의 끝
    } // main의 끝
    static void startInstall() {
        /* 프로그램 설치에 필요한 준비를 하는 코드를 적는다.*/
    }
    static void copyFiles() { /* 파일들을 복사하는 코드를 적는다. */ }
    static void deleteTempFiles() { /* 임시파일들을 삭제하는 코드를 적는다.*/ }
}
```

```java
try {
    startInstall();
    copyFiles();
} catch (Exception e) {
    e.printStackTrace();
} finally {
    deleteTempFiles();
} // try-catch의 끝
```

1.9 메서드에 예외 선언하기

- 예외를 처리하는 또 다른 방법
- 사실은 예외를 처리하는 것이 아니라, 호출한 메서드로 전달해주는 것
- 호출한 메서드에서 예외처리를 해야만 할 때 사용

```
void method() throws Exception1, Exception2, ... ExceptionN {
    // 메서드의 내용
}
```

[참고] 예외를 발생시키는 키워드 throw와 예외를 메서드에 선언할 때 쓰이는 throws를 잘 구별하자.

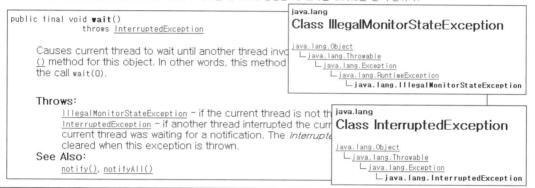

```
public final void wait()
                throws InterruptedException

Causes current thread to wait until another thread invo
() method for this object. In other words, this method
the call wait(0).

Throws:
    IllegalMonitorStateException - if the current thread is not th
    InterruptedException - if another thread interrupted the curr
    current thread was waiting for a notification. The interrupte
    cleared when this exception is thrown.
See Also:
    notify(), notifyAll()
```

```
java.lang
Class IllegalMonitorStateException

java.lang.Object
  └ java.lang.Throwable
      └ java.lang.Exception
          └ java.lang.RuntimeException
              └ java.lang.IllegalMonitorStateException
```

```
java.lang
Class InterruptedException

java.lang.Object
  └ java.lang.Throwable
      └ java.lang.Exception
          └ java.lang.InterruptedException
```

1.9 메서드에 예외 선언하기 – 예제1

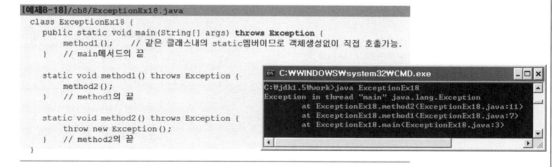

[예제8-18]/ch8/ExceptionEx18.java
```java
class ExceptionEx18 {
    public static void main(String[] args) throws Exception {
        method1();    // 같은 클래스내의 static멤버이므로 객체생성없이 직접 호출가능.
    }  // main메서드의 끝

    static void method1() throws Exception {
        method2();
    }  // method1의 끝

    static void method2() throws Exception {
        throw new Exception();
    }  // method2의 끝
}
```

C:\WINDOWS\system32\CMD.exe
```
C:\jdk1.5\work>java ExceptionEx18
Exception in thread "main" java.lang.Exception
        at ExceptionEx18.method2(ExceptionEx18.java:11)
        at ExceptionEx18.method1(ExceptionEx18.java:7)
        at ExceptionEx18.main(ExceptionEx18.java:3)
```

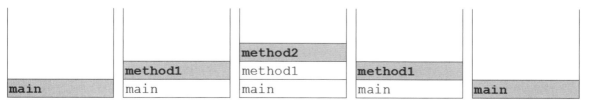

- 예외가 발생했을 때, 모두 3개의 메서드(main, method1, method2)가 호출스택에 있었으며,
- 예외가 발생한 곳은 제일 윗줄에 있는 method2()라는 것과
- main메서드가 method1()를, 그리고 method1()은 method2()를 호출했다는 것을 알 수 있다.

1.9 메서드에 예외 선언하기 – 예제2

[예제8-19]/ch8/ExceptionEx19.java

```
class ExceptionEx19 {
    public static void main(String[] args) {
        method1();    // 같은 클래스내의 static멤버이므로 객체생성없이 직접 호출가능.
    }   // main메서드의 끝

    static void method1() {
        try {
            throw new Exception();
        } catch (Exception e) {
            System.out.println("method1메서드에서 예외가 처리되었습니다.");
            e.printStackTrace();
        }
    }   // method1의 끝
}
```

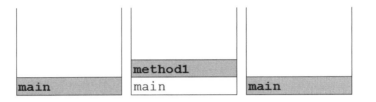

```
C:\WINDOWS\system32\CMD.exe
C:\jdk1.5\work>java ExceptionEx19
method1메서드에서 예외가 처리되었습니다.
java.lang.Exception
        at ExceptionEx19.method1(ExceptionEx19.java:8)
        at ExceptionEx19.main(ExceptionEx19.java:3)
```

| | method1 | |
| main | main | main |

1.9 메서드에 예외 선언하기 – 예제3

[예제8-21]/ch8/ExceptionEx21.java

```
import java.io.*;

class ExceptionEx21 {
    public static void main(String[] args) {
        // command line에서 입력받은 값을 이름으로 갖는 파일을 생성한다.
        File f = createFile(args[0]);
        System.out.println( f.getName() + " 파일이 성공적으로 생성되었
    }   // main메서드의 끝

    static File createFile(String fileName) {
        try {
            if (fileName==null || fileName.equals(""))
                throw new Exception("파일이름이 유효하지 않습니다.");
        } catch (Exception e) {
            // fileName이 부적절한 경우, 파일 이름을 '제목없음.txt'로 한
            fileName = "제목없음.txt";
        } finally {
            File f = new File(fileName); // File클래스의 객체를 만든다.
            createNewFile(f);            // 생성된 객체를 이용해서 파일을 생성한다.
            return f;
        }
    }   // createFile메서드의 끝

    static void createNewFile(File f) {
        try {
            f.createNewFile();      // 파일을 생성한다.
        } catch(Exception e){ }
    }   // createNewFile메서드의 끝
}   // 클래스의 끝
```

[실행결과]
```
C:\jdk1.5\work>java ExceptionEx21 "test.txt"
test.txt 파일이 성공적으로 생성되었습니다.

C:\jdk1.5\work>java ExceptionEx21 ""
제목없음.txt 파일이 성공적으로 생성되었습니다.

C:\jdk1.5\work>dir *.txt

드라이브 c에 레이블이 없습니다
볼륨 일련 번호 251C-08DD
디렉터리 C:\jdk1.5\work

제목없음 TXT 0 03-01-24 0:47 제목없음.txt
TEST    TXT 0 03-01-24 0:47 test.txt
```

1.9 메서드에 예외 선언하기 – 예제4

```
[예제8-22]/ch8/ExceptionEx22.java
import java.io.*;

class ExceptionEx22 {
  public static void main(String[] args)
  {
      try {
          File f = createFile(args[0]);
          System.out.println( f.getName()+"파일이 성공적
      } catch (Exception e) {
          System.out.println(e.getMessage()+" 다시 입력
      }
  }   // main메서드의 끝

  static File createFile(String fileName) throws Exception {
      if (fileName==null || fileName.equals(""))
          throw new Exception("파일이름이 유효하지 않습니다.");
      File f = new File(fileName);        //  File클래스의 객체를 만든다.
      // File객체의 createNewFile메서드를 이용해서 실제 파일을 생성한다.
      f.createNewFile();
      return f;              // 생성된 객체의 참조를 반환한다.
  }   // createFile메서드의 끝
}  // 클래스의 끝
```

[실행결과]
```
C:\jdk1.5\work>java ExceptionEx22 test2.txt
test2.txt파일이 성공적으로 생성되었습니다.

C:\jdk1.5\work>java ExceptionEx22 ""
파일이름이 유효하지 않습니다. 다시 입력해 주시기 바랍니다.
```

1.10 예외 되던지기(re-throwing)

- 예외를 처리한 후에 다시 예외를 생성해서 호출한 메서드로 전달하는 것
- 예외가 발생한 메서드와 호출한 메서드, 양쪽에서 예외를 처리해야 하는 경우에 사용.

```
[예제8-23]/ch8/ExceptionEx23.java
class ExceptionEx23 {
  public static void main(String[] args)
  {
      try {
          method1();
      } catch (Exception e) {
          System.out.println("main메서드에서 예외가 처리되었습니다.");
      }
  }   // main메서드의 끝

  static void method1() throws Exception {
      try {
          throw new Exception();
      } catch (Exception e) {
          System.out.println("method1메서드에서 예외가 처리되었습니다.");
          throw e;          // 다시 예외를 발생시킨다.
      }
  }   // method1메서드의 끝
}
```

```
C:\WINDOWS\system32\CMD.exe                    _ □ ×
C:\jdk1.5\work>java ExceptionEx23
method1메서드에서 예외가 처리되었습니다.
main메서드에서 예외가 처리되었습니다.
```

1.11 사용자정의 예외 만들기

- 기존의 예외 클래스를 상속받아서 새로운 예외 클래스를 정의할 수 있다.

```java
class MyException extends Exception {
    MyException(String msg) {  // 문자열을 매개변수로 받는 생성자
        super(msg); // 조상인 Exception클래스의 생성자를 호출한다.
    }
}
```

- 에러코드를 저장할 수 있게 ERR_CODE와 getErrCode()를 멤버로 추가

```java
class MyException extends Exception {
    // 에러 코드 값을 저장하기 위한 필드를 추가 했다.
    private final int ERR_CODE;

    MyException(String msg, int errCode) {  // 생성자.
        super(msg);
        ERR_CODE = errCode;
    }

    MyException(String msg) {  // 생성자.
        this(msg,100);             // ERR_CODE를 100(기본값)으로 초기화한다.
    }

    public int getErrCode() {  // 에러 코드를 얻을 수 있는 메서드도 추가했다.
        return ERR_CODE;       // 이 메서드는 주로 getMessage()와 함께 사용될 것이다.
    }
}
```

1.12 연결된 예외(chained exception)(1/2)

- 예외 A가 예외 B를 발생시켰다면, A를 B의 '원인 예외' 라고 한다.

Throwable initCause(Throwable cause)	지정한 예외를 원인 예외로 등록
Throwable getCause( )	원인 예외를 반환

- SpaceException이 발생했을 때, 이를 원인예외로 하는 InstallException을 발생시키는 방법(호출한 쪽에서는 InstallException으로 처리)

```java
try {
    startInstall();                // SpaceException 발생
    copyFiles();
} catch (SpaceException e)     {
    InstallException ie = new InstallException("설치중 예외발생"); // 예외 생성
    ie.initCause(e); // InstallException의 원인 예외를 SpaceException으로 지정
    throw ie;         // InstallException을 발생시킨다.
} catch (MemoryException me)     {
    ...
```

1.12 연결된 예외(chained exception)(2/2)

[이유1] 여러 예외를 큰 분류의 예외로 묶을 때, 연결된 예외로 처리

SpaceException, MemoryException은 모두 설치시 발생하는 예외이므로
InstallException(큰 분류의 예외)로 묶어서 처리하는 것이 편리할 때가 있음.

[참고] 상속으로 처리하면, 상속관계도 변경해야 하고 실제로 발생한 예외를 알 수 없다는 단점이 있다.

[이유2] 필수 예외(Exception자손)를 선택 예외(RuntimeException)로 바꿀 때

```java
static void startInstall() throws SpaceException, MemoryException {
    if(!enoughSpace())              // 충분한 설치 공간이 없으면...
        throw new SpaceException("설치할 공간이 부족합니다.");

    if (!enoughMemory())           // 충분한 메모리가 없으면...
        throw new MemoryException("메모리가 부족합니다.");
}
```

⬇

```java
static void startInstall() throws SpaceException {
    if(!enoughSpace())                 // 충분한 설치 공간이 없으면...
        throw new SpaceException("설치할 공간이 부족합니다.");

    if (!enoughMemory())              // 충분한 메모리가 없으면...
    // MemoryException을 원인 예외로 등록. RuntimeException(Throwable cause)사용
        throw new RuntimeException(new MemoryException("메모리가 부족합니다."));
} // startInstall메서드의 끝
```

= *Memo* =

Java의 정석

제 9 장

java.lang 패키지

---

1. Object클래스

1.1 Object클래스의 메서드

- 모든 클래스의 최고 조상. 오직 11개의 메서드만을 가지고 있다.
- notify(), wait() 등은 쓰레드와 관련된 메서드이다.
- equals(), hashCode(), toString()은 적절히 오버라이딩해야 한다.

Object클래스의 메서드	설　　　명
protected Object clone()	객체 자신의 복사본을 반환한다.
public boolean equals(Object obj)	객체 자신과 객체 obj가 같은 객체인지 알려준다.(같으면 true)
protected void finalize()	객체가 소멸될 때 가비지 컬렉터에 의해 자동적으로 호출된다. 이 때 수행되어야하는 코드가 있는 경우에만 오버라이딩한다.
public Class getClass()	객체 자신의 클래스 정보를 담고 있는 Class인스턴스를 반환한다.
public int hashCode()	객체 자신의 해시코드를 반환한다.
public String toString()	객체 자신의 정보를 문자열로 반환한다.
public void notify()	객체 자신을 사용하려고 기다리는 쓰레드를 하나만 깨운다.
public void notifyAll()	객체 자신을 사용하려고 기다리는 모든 쓰레드를 깨운다.
public void wait()	다른 쓰레드가 notify()나 notifyAll()을 호출할 때까지 현재 쓰레드를 무한히 또는 지정된 시간(timeout, nanos)동안 기다리게 한다. (timeout은 천 분의 1초, nanos는 10^9분의 1초)
public void wait(long timeout)	
public void wait(long timeout, int nanos)	

1.2 equals(Object obj)

- 객체 자신과 주어진 객체(obj)를 비교한다. 같으면 true, 다르면 false.
- Object클래스에 정의된 equals()는 참조변수 값(객체의 주소)을 비교한다.

```java
public boolean equals(Object obj) {
    return (this==obj);
}
```

- equals()를 오버라이딩해서 인스턴스변수의 값을 비교하도록 바꾼다.

```java
class Person {
    long id;

    public boolean equals(Object obj) {
        if(obj!=null && obj instanceof Person) {
            return id ==((Person)obj).id;
        } else {
            return false;
        }
    }

    Person(long id) {
        this.id = id;
    }
}
```

> obj가 Object타입이므로 id값을 참조하기 위해서는 Person타입으로 형변환이 필요하다.

> 타입이 Person이 아니면 값을 비교할 필요도 없다.

```java
Person p1 = new Person(8011081111222L);
Person p2 = new Person(8011081111222L);

System.out.println(p1==p2);
System.out.println(p1.equals(p2));
```

```
                    0x100
p1  0x100  ───▶  8011081111222L

                    0x200
p2  0x200  ───▶  8011081111222L
```

275

1.3 hashCode()

- 객체의 해시코드(int타입의 정수)를 반환하는 메서드(해시함수)
  다량의 데이터를 저장&검색하는 해싱기법에 사용된다.
- Object클래스의 hashCode()는 객체의 내부주소를 반환한다.

```java
public class Object {
    ...
    public native int hashCode();
```

- equals()를 오버라이딩하면, hashCode()도 같이 오버라이딩 해야 한다.
  equals()의 결과가 true인 두 객체의 hash code는 같아야하기 때문

```java
String str1 = new String("abc");
String str2 = new String("abc");
System.out.println(str1.equals(str2)); // true
System.out.println(str1.hashCode());   // 96354
System.out.println(str2.hashCode());   // 96354
```

- System.identityHashCode(Object obj)는 Object클래스의 hashCode()와
  동일한 결과를 반환한다.

```java
System.out.println(System.identityHashCode(str1));   // 3526198
System.out.println(System.identityHashCode(str2));   // 7699183
```

276

1.4 toString()

- 객체의 정보를 문자열(String)로 제공할 목적으로 정의된 메서드

```java
public String toString() {  // Object클래스의 toString()
    return getClass().getName() + "@"
            + Integer.toHexString(hashCode());
}
```

오버라이딩

```java
class Card {
  String kind;
  int number;

  Card() {
      this("SPADE", 1);
  }
  Card(String kind, int number) {
      this.kind = kind;
      this.number = number;
  }
}

class CardToString
{
    public static void main(String[] args)
    {
        Card c1 = new Card();
        Card c2 = new Card();

        System.out.println(c1.toString());
        System.out.println(c2.toString());
    }
}
```

```java
public String toString() {
        // Card인스턴스의 kind와 number를 문자열로 반환한다.
        return "kind : " + kind + ", number : " + number;
}
```

[실행결과]
```
Card@47e553
Card@20c10f
```

[실행결과]
```
kind : SPADE, number : 1
kind : SPADE, number : 1
```

1.5 getClass()

- 자신이 속한 클래스의 Class객체를 반환하는 메서드
- Class객체는 클래스의 모든 정보를 담고 있으며, 클래스당 단 1개만 존재
  클래스파일(*.class)이 메모리에 로드될때 생성된다.

Class객체

Card.class파일 → ClassLoader →

- Class객체를 얻는 여러가지 방법

```java
Card c = new Card();
Class cObj = c.getClass();
```

```java
Card c2 = new Card();
Card c2 = (Card)cObj.newInstance();
```

```java
Class cObj = Card.class;
String className = cObj.getName();
```

```java
String className = Card.class.getName();
```

```java
Class cObj = Class.forName("Card");
```

2. String클래스

2.1 String클래스의 특징

- 문자형 배열(char[])과 그에 관련된 메서드들이 정의되어 있다.

```
public final class String implements java.io.Serializable, Comparable {
    /** The value is used for character storage. */
    private char[] value;
    ...
```

- String인스턴스의 내용은 바꿀 수 없다.(immutable)

```
String a = "a";
String b = "b";
String a = a + b;
```

- String str = "abc";와 String str = new String("abc");의 비교

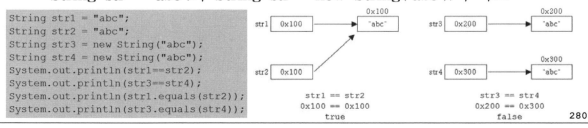

```
String str1 = "abc";
String str2 = "abc";
String str3 = new String("abc");
String str4 = new String("abc");
System.out.println(str1==str2);
System.out.println(str3==str4);
System.out.println(str1.equals(str2));
System.out.println(str3.equals(str4));
```

2.2 빈 문자열("", empty string)

- 내용이 없는 문자열. 크기가 0인 char형 배열을 저장하는 문자열
- 크기가 0인 배열을 생성하는 것은 어느 타입이나 가능

```
char[] cArr = new char[0];    // 크기가 0인 char배열
int[] iArr = {};              // 크기가 0인 int배열
```

- String str= "";은 가능해도 char c = '';는 불가능
- String은 참조형의 기본값인 null 보다 빈 문자열로 초기화하고
  char형은 기본값인 'Wu0000'보다 공백으로 초기화하자.

```
String s = null;                        String s = "";  // 빈 문자열로 초기화
char c = '\u0000';                      char c = ' ';   // 공백으로 초기화
```

```
String str4 = new String("");           String str1 = "";
String str5 = new String("");           String str2 = "";
String str6 = new String("");           String str3 = "";
```

2.3 String클래스의 생성자와 메서드(1/3)

메서드 / 설명	예 제	결 과
`String(String s)` 주어진 문자열(s)을 갖는 String인스턴스를 생성한다.	`String s = new String("Hello");`	`s = "Hello"`
`String(char [] value)` 주어진 문자열(value)을 갖는 String인스턴스 를 생성한다.	`char[] c = {'H','e','l','l','o'}` `String s = new String(c);`	`s = "Hello"`

`String(StringBuffer buf)`
StringBuffer인스턴스가 갖고 있는 문자열과 같은 내용의 String인스턴스를 생성한다.
	`StringBuffer sb =`
	`new StringBuffer("Hello");`
	`String s = new String(sb);`
		`s = "Hello"`

`char charAt(int index)`
지정된 위치(index)에 있는 문자를 알려준다. (index는 0부터 시작)
	`String s = "Hello";`
	`String n = "0123456";` `H e l l o`
	`char c = s.charAt(1);`
	`char c2 = n.charAt(1);`
		`c = 'e'`
		`c2 = '1'`

`String concat(String str)` 문자열(str)을 뒤에 덧붙인다.	`String s = "Hello";` `String s2 = s.concat(" World");`	`s2 = "Hello World"`
`boolean contains(CharSequence s)` 지정된 문자열(s)이 포함되었는지 검사한다.	`String s = "abcdefg";` `boolean b = s.contains("bc");`	`b = true`
`boolean endsWith(String suffix)` 지정된 문자열(suffix)로 끝나는지 검사한다.	`String file = "Hello.txt";` `boolean b =file.endsWith("txt");`	`b = true`

`boolean equals(Object obj)`
매개변수로 받은 문자열(obj)과 String인스턴 스의 문자열을 비교한다. obj가 String이 아니거나 문자열이 다르면 false를 반환한다.
	`String s = "Hello";`
	`boolean b = s.equals("Hello");`
	`boolean b2 = s.equals("hello");`
		`b = true`
		`b2 = false`

`boolean equalsIgnoreCase(String str)`
문자열과 String인스턴스의 문자열을 대소문자 구분없이 비교한다.
	`String s = "Hello";`
	`boolean b = s.equalsIgnoreCase("HELLO");`
	`boolean b2 = s.equalsIgnoreCase("heLLo");`
		`b = true`
		`b2 = true`

`int indexOf(int ch)`
주어진 문자(ch)가 문자열에 존재하는지 확인하여 위치(index)를 알려준다. 못 찾으면 -1을 반환한다.(index는 0부터 시작)
	`String s = "Hello";`
	`int idx1 = s.indexOf('o');`
	`int idx2 = s.indexOf('k');`
		`idx1 = 4`
		`idx2 = -1`

(참고) 표 중앙에 겹쳐진 박스:
```
java.lang
Interface CharSequence
All Known Subinterfaces:
    Name
All Known Implementing Classes:
    CharBuffer, Segment, String, StringBuffer, StringBuilder
```

2.3 String클래스의 생성자와 메서드(2/3)

메서드 / 설명	예제	결과
`int indexOf(String str)` 주어진 문자열이 존재하는지 확인하여 그 위치(index)를 알려준다. 없으면 -1을 반환한다. (index는 0부터 시작)	`String s = "ABCDEFG";` `int idx = s.indexOf("CD");`	`idx = 2`

`String intern()`
문자열을 constant pool에 등록한다. 이미 constant pool에 같은 내용의 문자열이 있을 경우 그 문자열의 주소값을 반환한다.
	`String s = new String("abc");`
	`String s2 = new String("abc");`
	`boolean b = (s==s2);`
	`boolean b2 = s.equals(s2);`
	`boolean b3 = (s.intern()==s2.intern());`
		`b = false`
		`b2 = true`
		`b3 = true`

`int lastIndexOf(int ch)`
지정된 문자 또는 문자코드를 문자열의 오른쪽 끝에서부터 찾아서 위치(index)를 알려준다. 못 찾으면 -1을 반환한다.
	`String s = "java.lang.Object";`
	`int idx1 = s.lastIndexOf('.');`
	`int idx2 = s.indexOf('.');`
		`idx1 = 9`
		`idx2 = 4`

`int lastIndexOf(String str)`
지정된 문자열을 인스턴스의 문자열 끝에서 부터 찾아서 위치(index)를 알려준다. 못 찾으면 -1을 반환한다.
	`String s = "java.lang.java";`
	`int idx1 = s.lastIndexOf("java");`
	`int idx2 = s.indexOf("java");`
		`idx1 = 10`
		`idx2 = 0`

`int length()` 문자열의 길이를 알려준다.	`String s = "Hello";` `int length = s.length();`	`length = 5`
`String replace(char old, char nw)` 문자열 중의 문자(old)를 새로운 문자(nw)로 바꾼 문자열을 반환한다.	`String s = "Hello";` `String s1 = s.replace('H', 'C');`	`s1 = "Cello"`
`String replace(CharSequence old, CharSequence nw)` 문자열 중의 문자열(old)을 새로운 문자열(nw)로 모두 바꾼 문자열을 반환한다.	`String s = "Hellollo";` `String s1 = s.replace("ll","LL");`	`s1 = "HeLLoLLo"`
`String replaceAll(String regex, String replacement)` 문자열 중에서 지정된 문자열(regex)과 일치하는 것을 새로운 문자열(replacement)로 모두 변경한다.	`String ab = "AABBAABB";` `String r = ab.replaceAll("BB","bb");`	`r = "AAbbAAbb"`
`String replaceFirst(String regex, String replacement)` 문자열 중에서 지정된 문자열(regex)과 일치 하는 것 중, 첫 번째 것만 새로운 문자열(replacement)로 변경한다.	`String ab = "AABBAABB";` `String r = ab.replaceFirst("BB","bb");`	`r = "AAbbAABB"`

2.3 String클래스의 생성자와 메서드(3/3)

메서드 / 설명	예제	결과

`String[] split(String regex)`
문자열을 지정된 분리자(regex)로 나누어 문자열 배열에 담아 반환한다.
	`String animals = "dog,cat,bear";`
	`String[] arr = animals.split(",");`
		`arr[0] = "dog"`
		`arr[1] = "cat"`
		`arr[2] = "bear"`

`String[] split(String regex, int limit)` 문자열을 지정된 분리자(regex)로 나누어 문자열배열에 담아 반환한다. 단, 문자열 전체를 지정된 수(limit)로 자른다.	`String animals = "dog,cat,bear";` `String[] arr = animals.split(",",2);`	`arr[0] = "dog"` `arr[1] = "cat,bear"`

`boolean startsWith(String prefix)`
주어진 문자열(prefix)로 시작하는지 검사한다.
	`String s = "java.lang.Object";`
	`boolean b=s.startsWith("java");`
	`boolean b2=s.startsWith("lang");`
		`b = true`
		`b2 = false`

`String substring(int begin)`
`String substring(int begin, int end)`
주어진 시작위치(begin)부터 끝 위치(end) 범위에 포함된 문자열을 얻는다. 이 때, 시작위치의 문자는 범위에 포함되지만, 끝 위치의 문자는 포함되지 않는다.
	`String s = "java.lang.Object";`
	`Stirng c = s.substring(10);`
	`String p = s.substring(5,9);`
		`c = "Object"`
		`p = "lang"`

`String toLowerCase()` String인스턴스에 저장되어있는 모든 문자열을 소문자로 변환하여 반환한다.	`String s = "Hello";` `String s1 = s.toLowerCase();`	`s1 = "hello"`
`String toString()` String인스턴스에 저장되어 있는 문자열을 반환한다.	`String s = "Hello";` `String s1 = s.toString();`	`s1 = "Hello"`
`String toUpperCase()` String인스턴스에 저장되어있는 모든 문자열을 대문자로 변환하여 반환한다.	`String s = "Hello";` `String s1 = s.toUpperCase();`	`s1 = "HELLO"`
`String trim()` 문자열의 왼쪽 끝과 오른쪽 끝에 있는 공백을 없앤 결과를 반환한다. 이 때 문자열 중간에 있는 공백은 제거되지 않는다.	`String s = "   Hello World   ";` `String s1 = s.trim();`	`s1 = "Hello World"`

`static String valueOf(boolean b)`
`static String valueOf(char c)`
`static String valueOf(int i)`
`static String valueOf(long l)`
`static String valueOf(float f)`
`static String valueOf(double d)`
`static String valueOf(Object o)`
지정된 값을 문자열로 변환하여 반환한다. 참조변수의 경우, toString()을 호출한 결과를 반환한다.
	`String b = String.valueOf(true);`
	`String c = String.valueOf('a');`
	`String i = String.valueOf(100);`
	`String l = String.valueOf(100L);`
	`String f = String.valueOf(10f);`
	`String d = String.valueOf(10.0);`
	`java.util.Date dd =new java.util.Date();`
	`String date = String.valueOf(dd);`
		`b = "true"`
		`c = "a"`
		`i = "100"`
		`l = "100"`
		`f = "10.0"`
		`d = "10.0"`
		`date = "Sun Jan 27 21:26:29 KST 2008"`

2.4 문자열과 기본형간의 변환

- 기본형 값을 문자열로 바꾸는 두 가지 방법(방법2가 더 빠름)

```
int i = 100;
String str1 = i + "";              // 100을 "100"으로 변환하는 방법1
String str2 = String.valueOf(i); // 100을 "100"으로 변환하는 방법2
```

- 문자열을 기본형 값으로 변환하는 방법

```
int i = Integer.parseInt("100"); // "100"을 100으로 변환하는 방법1
int i2 = Integer.valueOf("100"); // "100"을 100으로 변환하는 방법2(JDK1.5이후)
char c = "A".charAt(0);   // 문자열 "A"를 문자 'A'로 변환하는 방법
```

기본형 → 문자열	문자열 → 기본형
`String valueOf(boolean b)`	`boolean  Boolean.getBoolean(String s)`
`String valueOf(char c)`	`byte     Byte.parseByte(String s)`
`String valueOf(int i)`	`short    Short.parseShort(String s)`
`String valueOf(long l)`	`int      Integer.parseInt(String s)`
`String valueOf(float f)`	`long     Long.parseLong(String s)`
`String valueOf(double d)`	`float    Float.parseFloat(String s)`
	`double   Double.parseDouble(String s)`

---

3. StringBuffer클래스

3.1 StringBuffer클래스의 특징

- String처럼 문자형 배열(char[])을 내부적으로 가지고 있다.

```
public final class StringBuffer implements java.io.Serializable
{
    private char[] value;
    ...
```

- 그러나, String클래스와 달리 내용을 변경할 수 있다.(mutable)

```
StringBuffer sb = new StringBuffer("abc");
sb.append("123");
```

- 인스턴스를 생성할 때 버퍼(배열)의 크기를 충분히 지정해주는 것이 좋다.
  (버퍼가 작으면 성능 저하 - 작업 중에 더 큰 배열이 추가로 생성됨)

```
public StringBuffer(int length) {        public StringBuffer(String str) {
    value = new char[length];                this(str.length() + 16);
    shared = false;                          append(str);
}                                        }
```

- String클래스와 달리 equals()를 오버라이딩하지 않았다는 점에 주의!!!

```
StringBuffer sb = new StringBuffer("abc");       String s  = sb.toString();
StringBuffer sb2 = new StringBuffer("abc");      String s2 = sb2.toString();
System.out.println(sb==sb2);       // false      System.out.println(s.equals(s2)); // true
System.out.println(sb.equals(sb2)); // false
```

3.2 StringBuffer클래스의 생성자와 메서드(1/2)

메서드 / 설명	예제 / 결과
`StringBuffer()`	`StringBuffer sb = new StringBuffer();`
16문자를 담을 수 있는 버퍼를 가진 StringBuffer 인스턴스를 생성한다.	`sb = ""`
`StringBuffer(int length)`	`StringBuffer sb = new StringBuffer(10);`
지정된 개수의 문자를 담을 수 있는 버퍼를 가진 StringBuffer인스턴스를 생성한다.	`sb = ""`
`StringBuffer(String str)`	`StringBuffer sb = new StringBuffer("Hi");`
지정된 문자열 값(str)을 갖는 StringBuffer 인스턴스를 생성한다.	`sb = "Hi"`

`StringBuffer append(boolean b)    StringBuffer append(char c)`
`StringBuffer append(char[] str)    StringBuffer append(double d)`
`StringBuffer append(float f)        StringBuffer append(int i)`
`StringBuffer append(long l)         StringBuffer append(Object obj)`
`StringBuffer append(String str)`
	`StringBuffer sb = new StringBuffer("abc");`
	`StringBuffer sb2 = sb.append(true);`
	`sb.append('d').append(10.0f);`
	`StringBuffer sb3 =`
	`sb.append("ABC").append(123);`

매개변수로 입력된 값을 문자열로 변환하여 StringBuffer인스턴스가 저장하고 있는 문자열의 뒤에 덧붙인다.	`sb  = "abctrued10.0ABC123"`
	`sb2 = "abctrued10.0ABC123"`
	`sb3 = "abctrued10.0ABC123"`

`int capacity()`	`StringBuffer sb = new StringBuffer(100);`
	`sb.append("abcd");`
	`int bufferSize = sb.capacity();`
	`int stringSize = sb.length();`

StringBuffer인스턴스의 버퍼크기를 알려준다. length()는 버퍼에 담긴 문자열의 크기를 알려준다.	`bufferSize = 100` `stringSize = 4 (sb에 담긴 문자열이 "abcd"이므로)`
`char charAt(int index)`	`StringBuffer sb = new StringBuffer("abc");` `char c = sb.charAt(2);`
지정된 위치(index)에 있는 문자를 반환한다.	`c='c'`
`StringBuffer delete(int start, int end)`	`StringBuffer sb = new StringBuffer("0123456");` `StringBuffer sb2 = sb.delete(3,6);`
시작위치(start)부터 끝 위치(end) 사이에 있는 문자를 제거한다. 단, 끝 위치의 문자는 제외.	`sb  = "0126"` `sb2 = "0126"`
`StringBuffer deleteCharAt(int index)`	`StringBuffer sb = new StringBuffer("0123456");` `sb.deleteCharAt(3);`
지정된 위치(index)의 문자를 제거한다.	`sb = "012456"`

3.2 StringBuffer클래스의 생성자와 메서드(2/2)

메서드 / 설명	예 제 / 결 과
	StringBuffer sb = new StringBuffer("0123456");
StringBuffer insert(int pos, boolean b) StringBuffer insert(int pos, char c) StringBuffer insert(int pos, char[] str) StringBuffer insert(int pos, int i) StringBuffer insert(int pos, float f) StringBuffer insert(int pos, long l) StringBuffer insert(int pos, double d) StringBuffer insert(int pos, String str) StringBuffer insert(int pos, Object obj)	sb.insert(4,'.');
두 번째 매개변수로 받은 값을 문자열로 변환하여 지정된 위치(pos)에 추가한다. pos는 0부터 시작	sb = "0123.456"
int length()	int length = sb.length();
StringBuffer인스턴스에 저장되어 있는 문자열의 길이를 반환한다.	length = 7
StringBuffer replace(int start, int end, String str)	sb.replace(3, 6, "AB");
지정된 범위(start~end)의 문자들을 주어진 문자열로 바꾼다. end위치의 문자는 범위에 포함안됨.	sb = "012AB6" "345"를 "AB"로 바꿨다.
StringBuffer reverse()	sb.reverse();
StringBuffer인스턴스에 저장되어 있는 문자열의 순서를 거꾸로 나열한다.	sb = "6543210"
void setCharAt(int index, char ch)	sb.setCharAt(5, 'o');
지정된 위치의 문자를 주어진 문자(ch)로 바꾼다.	sb = "01234o6"

void setLength(int newLength)	sb.setLength(5);
	StringBuffer sb2=new StringBuffer("0123456");
	sb2.setLength(10);
	String str = sb2.toString().trim();

지정된 크기로 문자열의 길이를 변경한다. 크기를 늘리는 경우에 나머지 빈 공간을 널문자 '\u0000'로 채운다.	sb = "01234" sb2 = "0123456 " str = "0123456"
String toString()	String str = sb.toString();
StringBuffer인스턴스의 문자열을 String으로 반환한다.	str = "0123456"
String substring(int start) String substring(int start, int end)	String str = sb.substring(3); String str2 = sb.substring(3, 5);
지정된 범위 내의 문자열을 String으로 뽑아서 반환 한다. 시작위치(start)만 지정하면 시작위치부터 문자열 끝까지 뽑아서 반환한다.	str = "3456" str2 = "34"

4. Math & wrapper클래스

4.1 Math클래스

- 수학계산에 유용한 메서드로 구성되어 있다.(모두 static메서드)

메서드 / 설명	예 제	결 과

`static int abs(int f)`   `static float abs(float f)`
`static long abs(long f)`   `static double abs(double a)`
 	
주어진 값의 절대값을 반환한다.
	`int i = Math.abs(-10);`
	`double d = Math.abs(-10.0);`
		`i=10`
		`d=10.0`

`static double ceil(double a)`
 	
주어진 값을 올림하여 반환한다.
	`double d  = Math.ceil(10.1);`
	`double d2 = Math.ceil(-10.1);`
	`double d3 = Math.ceil(10.0000015);`
		`d = 11.0`
		`d2 = -10.0`
		`d3 = 11.0`

`static double floor(double a)` 주어진 값을 버림하여 반환한다.	`double d = Math.floor(10.8);` `double d2 = Math.floor(-10.8);`	`d = 10.0` `d2=-11.0`

`static int max(int a, int b)`   `static float max(float a, float b)`
`static long max(long a, long b)`   `static double max(double a,double b)`
 	
주어진 두 값을 비교하여 큰 쪽을 반환한다.
	`double d = Math.max(9.5, 9.50001);`
	`int i = Math.max(0, -1);`
		`d = 9.50001`
		`i = 0`

`static int min(int a, int b)`   `static float min(float a, float b)`
`static long min(long a, long b)`   `static double min(double a,double b)`
 	
주어진 두 값을 비교하여 작은 쪽을 반환한다.
	`double d = Max.min(9.5, 9.50001);`
	`int i = Math.min(0, -1);`
		`d = 9.5`
		`i = -1`

`static double random()` 0.0~1.0범위의 임의의 double값을 반환한다. 0.0은 범위에 포함되지만 1.0은 포함안됨	`double d = Math.random();` `int i = (int)(Math.random()*10)+1`	`d = 0.0~1.0의 실수` `i = 1~10의 정수`

`static double rint(double a)`
 	
주어진 double값과 가장 가까운 정수값을 double형으로 반환한다.
	`double d  = Math.rint(5.55);`
	`double d2 = Math.rint(5.11);`
	`double d3 = Math.rint(-5.55);`
	`double d4 = Math.rint(-5.11);`
		`d  = 6.0`
		`d2 = 5.0`
		`d3 = -6.0`
		`d4 = -5.0`

`static long round(double a)`
`static long round(float a)`
 	
소수점 첫째자리에서 반올림한 정수값(long) 을 반환한다.
	`long l  = Math.round(5.55);`
	`long l2 = Math.round(5.11);`
	`long l3 = Math.round(-5.55);`
	`long l4 = Math.round(-5.11);`
	`double d = 90.7552;`
	`double d2 = Math.round(d*100)/100.0;`
		`l  = 6`
		`l2 = 5`
		`l3 = -6`
		`l4 = -5`
		`d  = 90.7552`
		`d2 = 90.76`

4.2 wrapper클래스

- 기본형을 클래스로 정의한 것. 기본형 값도 객체로 다뤄져야 할 때가 있다.

기본형	래퍼클래스	생성자	활용예
boolean	Boolean	`Boolean(boolean value)` `Boolean(String s)`	`Boolean b = new Boolean(true);` `Boolean b2 = new Boolean("true");`
char	**Character**	`Character(char value)`	`Character c = new Character('a');`
byte	Byte	`Byte(byte value)` `Byte(String s)`	`Byte b = new Byte(10);` `Byte b2 = new Byte("10");`
short	Short	`Short(short value)` `Short(String s)`	`Short s = new Short(10);` `Short s2 = new Short("10");`
int	**Integer**	`Integer(int value)` `Integer(String s)`	`Integer i = new Integer(100);` `Integer i2 = new Integer("100");`
long	Long	`Long(long value)` `Long(String s)`	`Long l = new Long(100);` `Long l2 = new Long("100");`

float	Float	`Float(double value)`
		`Float(float value)`
		`Float(String s)`
			`Float f = new Float(1.0);`
			`Float f2 = new Float(1.0f);`
			`Float f3 = new Float("1.0f");`

double	Double	`Double(double value)` `Double(String s)`	`Double d = new Double(1.0);` `Double d2 = new Double("1.0");`

- 내부적으로 기본형(primitive type) 변수를 가지고 있다.

```
public final class Integer extends Number implements Comparable {
    ...
    private int value;
```

- 값을 비교하도록 equals()가 오버라이딩되어 있다.

```
Integer i  = new Integer(100);
Integer i2 = new Integer(100);
System.out.println(i==i2);        // false
System.out.println(i.equals(i2)); // true
```

4.3 Number클래스
- 숫자를 멤버변수로 갖는 클래스의 조상(추상클래스)

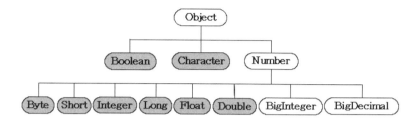

```
public abstract class Number implements java.io.Serializable {
    public abstract int      intValue();
    public abstract long     longValue();
    public abstract float    floatValue();
    public abstract double doubleValue();

    public byte byteValue() {
        return (byte)intValue();
    }
    public short shortValue() {
        return (short)intValue();
    }
}
```

= *Memo* =

Java의 정석

제 10 장
날짜와 시간 & 형식화

1. 날짜와 시간

1.1 Calendar와 Date

▶ java.util.Date
- 날짜와 시간을 다룰 목적으로 만들어진 클래스(JDK1.0)
- Date의 메서드는 대부분 deprecated되었지만, 여전히 쓰이고 있다.

▶ java.util.Calendar
- Date클래스를 개선한 클래스(JDK1.1). 여전히 단점이 존재

▶ java.time패키지
- Date와 Calendar의 단점을 개선한 새로운 클래스들을 제공(JDK1.8)

1.2 Calendar

▶ java.util.Calendar

  - 추상 클래스이므로 getInstance()를 통해 구현된 객체를 얻어야 한다.

```
Calendar cal = new Calendar(); // 에러!!! 추상클래스는 인스턴스를 생성할 수 없다.

// OK, getInstance()메서드는 Calendar 클래스를 구현한 클래스의 인스턴스를 반환한다.
Calendar cal = Calendar.getInstance();
```

▶ Date와 Calendar간의 변환

1. Calendar를 Date로 변환
```
Calendar cal = Calendar.getInstance();
    ...
Date d = new Date(cal.getTimeInMillis()); // Date(long date)
```

2. Date를 Calendar로 변환
```
Date d = new Date();
    ...
Calendar cal = Calendar.getInstance();
cal.setTime(d)
```

1.3 Calendar의 주요 메서드(1/3) – get()

▶ **get()으로 날짜와 시간 필드 가져오기** – int get(int field)

```
Calendar cal = Calendar.getInstance();  // 현재 날짜와 시간으로 셋팅됨
int thisYear = cal.get(Calendar.YEAR);  // 올해가 몇년인지 알아낸다.
int lastDayOfMonth = cal.getActualMaximum(Calendar.DATE); // 이 달의 마지막날
```

▶ **Calendar에 정의된 필드**

필드명	설 명	필드명	설 명
YEAR	년	HOUR	시간(0~11)
MONTH	월(0부터 시작)	HOUR_OF_DAY	시간(0~23)
WEEK_OF_YEAR	그 해의 몇 번째 주	MINUTE	분
WEEK_OF_MONTH	그 달의 몇 번째 주	SECOND	초
DATE	일	MILLISECOND	천분의 일초
DAY_OF_MONTH	그 달의 몇 번째 일	ZONE_OFFSET	GMT기준 시차(천분의 일초 단위)
DAY_OF_YEAR	그 해의 몇 번째 일	AM_PM	오전/오후
DAY_OF_WEEK	요일		
DAY_OF_WEEK_IN_MONTH	그 달의 몇 번째 요일		

1.4 Calendar의 주요 메서드(2/3) – set()

▶ set()으로 날짜와 시간지정하기

```
void set(int field, int value)
void set(int year, int month, int date)
void set(int year, int month, int date, int hourOfDay, int minute)
void set(int year, int month, int date, int hourOfDay, int minute, int second)
```

- 날짜 지정하는 방법. 월(MONTH)이 0부터 시작한다는 점에 주의

```
Calendar date1 = Calendar.getInstance();
date1.set(2017, 7, 15); // 2017년 8월 15일(7월 아님)
// date1.set(Calendar.YEAR, 2017);
// date1.set(Calendar.MONTH, 7);
// date1.set(Calendar.DATE, 15);
```

- 시간 지정하는 방법.

```
Calendar time1 = Calendar.getInstance();
time1.set(Calendar.HOUR_OF_DAY, 10); // time1을 10시 20분 30초로 설정
time1.set(Calendar.MINUTE, 20);
time1.set(Calendar.SECOND, 30);
```

1.5 Calendar의 주요 메서드(3/3) – clear()

▶ clear()와 clear(int field)로 Calendar객체 초기화 하기

- clear()는 Calendar객체의 모든 필드를 초기화

```
Calendar dt = Calendar.getInstance();

// Tue Aug 29 07:13:03 KST 2017
System.out.println(new Date(dt.getTimeInMillis()));

dt.clear(); // 모든 필드를 초기화
// Thu Jan 01 00:00:00 KST 1970
System.out.println(new Date(dt.getTimeInMillis()));
```

- clear(int field)는 Calendar객체의 특정 필드를 초기화

```
Calendar dt = Calendar.getInstance();

// Tue Aug 29 07:13:03 KST 2017
System.out.println(new Date(dt.getTimeInMillis()));

dt.clear(Calendar.SECOND);        // 초를 초기화
dt.clear(Calendar.MINUTE);        // 분을 초기화
dt.clear(Calendar.HOUR_OF_DAY);   // 시간을 초기화
dt.clear(Calendar.HOUR);          // 시간을 초기화

// Tue Aug 29 00:00:00 KST 2017
System.out.println(new Date(dt.getTimeInMillis()));
```

2. 형식화

2.1 DecimalFormat - 숫자의 형식화(1/2)

- 숫자를 다양한 형식(패턴)으로 출력할 수 있게 해준다.

```
double number = 1234567.89;
DecimalFormat df = new DecimalFormat("#.#E0");
String result = df.format(number); // "1.2E6"
```

기호	의미	패턴	결과(1234567.89)
0	10진수(값이 없을 때는 0)	0 0.0 0000000000.0000	1234568 1234567.9 0001234567.8900
#	10진수	# #.# #########.####	1234568 1234567.9 1234567.89
.	소수점	#.#	1234567.9
−	음수부호	#.#− −#.#	1234567.9− −1234567.9
,	단위 구분자	#,###.## #,####.##	1,234,567.89 123,4567.89
E	지수기호	#E0 0E0 ##E0 00E0 ####E0 0000E0 #.#E0 0.0E0 0.000000000E0 #.#########E0	.1E7 1E6 1.2E6 12E5 123.5E4 1235E3 1.2E6 1.2E6 1.234567890E6 1.23456789E6

2.1 DecimalFormat – 숫자의 형식화(2/2)

- 특정 형식으로 되어 있는 문자열에서 숫자를 뽑아낼 수도 있다.

```
DecimalFormat df  = new DecimalFormat("#,###.##");
Number num = df.parse("1,234,567.89");

double d = num.doubleValue();
```

[참고] Integer.parseInt()는 콤마(,)가 포함된 문자열을 숫자로 변환 못함

기호	의미	패턴	결과(1234567.89)
;	패턴구분자	#,###.##+;#,###.##-	1,234,567.89+ (양수일 때) 1,234,567.89- (음수일 때)
%	퍼센트	#.#%	123456789%
\u2030	퍼밀(퍼센트 x 10)	#.#\u2030	1234567890‰
\u00A4	통화	\u00A4 #,###	₩ 1,234,568
'	escape문자	'#'#,### ''#,###	#1,234,568 '1,234,568

2.2 SimpleDateFormat – 날짜의 형식화(1/2)

- 날짜와 시간을 다양한 형식으로 출력할 수 있게 해준다.

```
Date today = new Date();
SimpleDateFormat df = new SimpleDateFormat("yyyy-MM-dd");

// 오늘 날짜를 yyyy-MM-dd형태로 변환하여 반환한다.
String result = df.format(today);
```

기호	의미	보기
G	연대(BC, AD)	AD
y	년도	2006
M	월(1~12 또는 1월~12월)	10 또는 10월, OCT
w	년의 몇 번째 주(1~53)	50
W	월의 몇 번째 주(1~5)	4
D	년의 몇 번째 일(1~366)	100
d	월의 몇 번째 일(1~31)	15
F	월의 몇 번째 요일(1~5)	1
E	요일	월

2.2 SimpleDateFormat – 날짜의 형식화(2/2)

- 특정 형식으로 되어 있는 문자열에서 날짜와 시간을 뽑아낼 수도 있다.

```java
DateFormat df  = new SimpleDateFormat("yyyy년 MM월 dd일");
DateFormat df2 = new SimpleDateFormat("yyyy/MM/dd");

Date d = df.parse("2015년 11월 23일");   // 문자열을 Date로 변환
String result = df2.format(d));
```

기호	의미	보기
a	오전/오후(AM, PM)	PM
H	시간(0~23)	20
k	시간(1~24)	13
K	시간(0~11)	10
h	시간(1~12)	11
m	분(0~59)	35
s	초(0~59)	55
S	천분의 일초(0~999)	253
z	Time zone(General time zone)	GMT+9:00
Z	Time zone(RFC 822 time zone)	+0900
'	escape문자(특수문자를 표현하는데 사용)	없음

307

2.3 MessageFormat – 텍스트의 형식화

- 데이터를 정해진 양식에 맞춰 출력할 수 있도록 도와준다.
- 특정 형식을 가진 문자열에서 데이터를 뽑아낼 때도 유용하다.

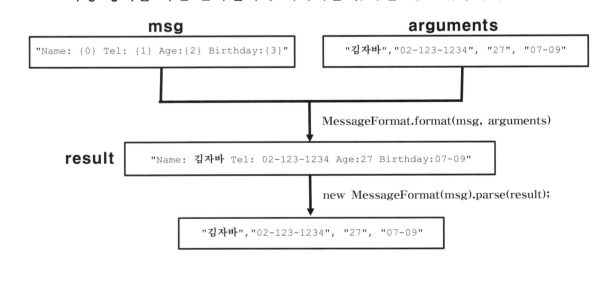

308

3. java.time 패키지

3.1 java.time패키지란?

- Date, Calendar의 단점을 보완하기 위해 추가된 패키지(JDK1.8부터)
- 이 패키지에 속한 클래스들은 모두 '불변(immutable)'이다.

패키지	설명
java.time	날짜와 시간을 다루는데 필요한 핵심 클래스들을 제공
java.time.chrono	표준(ISO)이 아닌 달력 시스템을 위한 클래스들을 제공
java.time.format	날짜와 시간을 파싱하고, 형식화하기 위한 클래스들을 제공
java.time.temporal	날짜와 시간의 필드(field)와 단위(unit)를 위한 클래스들을 제공
java.time.zone	시간대(time-zone)와 관련된 클래스들을 제공

▲ 표10-3 java.time패키지와 서브 패키지들

3.2 java.time패키지의 핵심 클래스(1/3)

- 날짜를 표현할 때는 LocalDate, 시간을 표현할 때는 LocalTime을 사용

- 날짜와 시간을 같이 표현할 때는 LocalDateTime을 사용

LocalDate + LocalTime → LocalDateTime
날짜 　　　　　 시간 　　　　　 날짜 & 시간

- 시간대(time-zone)까지 다뤄야 할 때는 ZonedDateTime을 사용

LocalDateTime + 시간대 → ZonedDateTime

- Period는 날짜간의 차이를, Duration은 시간의 차이를 표현할 때 사용

날짜 － 날짜 = Period
시간 － 시간 = Duration

3.2 java.time패키지의 핵심 클래스(2/3)

- Temporal : 날짜와 시간을 표현하는 클래스들이 구현

- TemporalAmount : 날짜와 시간의 차이를 표현하는 클래스가 구현

Temporal, TemporalAccessor, TemporalAdjuster를 구현한 클래스
  – LocalDate, LocalTime, LocalDateTime, ZonedDateTime, Instant 등

TemporalAmount를 구현한 클래스
  – Period, Duration

- Temporal로 시작하는 인터페이스들은 매개변수 타입으로 많이 사용되며,
  TemporalAmount인지 아닌지만 구별하면 된다.

3.2 java.time패키지의 핵심 클래스(3/3)

- TemporalUnit : 날짜와 시간의 단위를 정의해 놓은 인터페이스
- TemporalField : 년, 월, 일 등 날짜와 시간의 필드를 정의해 놓음.

```
int get(TemporalField field)
LocalDate plus(long amountToAdd, TemporalUnit unit)
```

- ChronoUnit은 TemporalUnit을, ChronoField는 TemporalField를 구현

```
    LocalDate today    = LocalDate.now(); // 오늘
    LocalDate tomorrow = today.plus(1, ChronoUnit.DAYS); // 오늘에 +1일
//  LocalDate tomorrow = today.plusDays(1); // 위의 문장과 동일

    LocalTime now = LocalTime.now(); // 현재 시간
    int minute = now.getMinute();      // 현재 시간에서 분(minute)만 뽑아낸다.
//  int minute = now.get(ChronoField.MINUTE_OF_HOUR); // 위의 문장과 동일
```

3.3 LocalDate와 LocalTime

- java.time패키지의 핵심. 이 두 클래스를 잘 이해하면 나머지는 쉬움.
- now()는 현재 날짜 시간을, of()는 특정 날짜 시간을 지정할 때 사용

```
    LocalDate today = LocalDate.now();  // 오늘의 날짜
    LocalTime now   = LocalTime.now();  // 현재 시간

    LocalDate birthDate = LocalDate.of(1999, 12, 31); // 1999년 12월 31일
    LocalTime birthTime = LocalTime.of(23, 59, 59);    // 23시 59분 59초
```

- 일 단위나 초 단위로도 지정가능(1일은 24*60*60=86400초)

```
    LocalDate birthDate = LocalDate.ofYearDay(1999, 365); // 1999년 12월 31일
    LocalTime birthTime = LocalTime.ofSecondDay(86399);    // 23시 59분 59초
```

- parse()로 문자열을 LocalDate나 LocalTime으로 변환할 수 있다.

```
    LocalDate birthDate = LocalDate.parse("1999-12-31"); // 1999년 12월 31일
    LocalTime birthTime = LocalTime.parse("23:59:59");    // 23시 59분 59초
```

3.3 LocalDate와 LocalTime – 필드값 가져오기(1/2)

- LocalDate와 LocalTime에서 특정 필드의 값 가져오는 메서드

클래스	메서드		설명(1999–12–31 23:59:59)
LocalDate	int	getYear( )	년도(1999)
	int	getMonthValue( )	월(12)
	Month	getMonth( )	월(DECEMBER) getMonth( ).getValue( ) = 12
	int	getDayOfMonth( )	일(31)
	int	getDayOfYear( )	같은 해의 1월 1일부터 몇번째 일(365)
	DayOfWeek	getDayOfWeek( )	요일(FRIDAY) getDayOfWeek( ).getValue( ) = 5
	int	lengthOfMonth( )	같은 달의 총 일수(31)
	int	lengthOfYear( )	같은 해의 총 일수(365), 윤년이면 366
	boolean	isLeapYear( )	윤년여부 확인(false)
LocalTime	int getHour( )		시(23)
	int getMinute( )		분(59)
	int getSecond( )		초(59)
	int getNano( )		나노초(0)

3.3 LocalDate와 LocalTime – 필드값 가져오기(2/2)

- LocalDate와 LocalTime에서 특정 필드 값 가져오기 - get(), getLong()

```
int    get    (TemporalField field)
long   getLong(TemporalField field)
```

- get(), getLong()에 사용할 수 있는 필드의 목록(*는 getLong()사용)

TemporalField(ChronoField)	설명
ERA	시대
YEAR_OF_ERA , YEAR	년
MONTH_OF_YEAR	월
DAY_OF_WEEK	요일(1:월, 2:화, … 7:일)
DAY_OF_MONTH	일
AMPM_OF_DAY	오전/오후
HOUR_OF_DAY	시간(0~23)
CLOCK_HOUR_OF_DAY	시간(1~24)
HOUR_OF_AMPM	시간(0~11)
CLOCK_HOUR_OF_AMPM	시간(1~12)
MINUTE_OF_HOUR	분
SECOND_OF_MINUTE	초
MILLI_OF_SECOND	천분의 일초(=10⁻³초)
MICRO_OF_SECOND *	백만분의 일초(=10⁻⁶초)
NANO_OF_SECOND *	10억분의 일초(=10⁻⁹초)
DAY_OF_YEAR	그 해의 몇번째 날

TemporalField(ChronoField)	설명
EPOCH_DAY *	EPOCH(1970.1.1)부터 몇번째 날
MINUTE_OF_DAY	그 날의 몇 번째 분(시간을 분으로 환산)
SECOND_OF_DAY	그 날의 몇 번째 초(시간을 초로 환산)
MILLI_OF_DAY	그 날의 몇 번째 밀리초(=10⁻³초)
MICRO_OF_DAY *	그 날의 몇 번째 마이크로초(=10⁻⁶초)
NANO_OF_DAY *	그 날의 몇 번째 나노초(=10⁻⁹초)
ALIGNED_WEEK_OF_MONTH	그 달의 n번째 주(1~7일 1주, 8~14일 2주, …)
ALIGNED_WEEK_OF_YEAR	그 해의 n번째 주(1월 1~7일 1주, 8~14일 2주, …)
ALIGNED_DAY_OF_WEEK_IN_MONTH	요일(그 달의 1일을 월요일로 간주하여 계산)
ALIGNED_DAY_OF_WEEK_IN_YEAR	요일(그 해의 1월 1일을 월요일로 간주하여 계산)
INSTANT_SECONDS	년월일을 초단위로 환산(1970–01–01 00:00:00 UTC를 0초로 계산) Instant에만 사용가능
OFFSET_SECONDS	UTC와의 시차, ZoneOffset에만 사용가능
PROLEPTIC_MONTH	년월을 월단위로 환산(2015년11월=2015*12+11)

3.3 LocalDate와 LocalTime – 필드값 변경하기

- with(), plus(), minus()로 특정 필드의 값을 변경(새로운 객체가 반환됨)

```
LocalDate with(TemporalField field, long newValue)

LocalTime plus(TemporalAmount amountToAdd)
LocalTime plus(long amountToAdd, TemporalUnit unit)
LocalDate plus(TemporalAmount amountToAdd)
LocalDate plus(long amountToAdd, TemporalUnit unit)
```

TemporalUnit(ChronoUnit)	설명
FOREVER	Long.MAX_VALUE초(약 3천억년)
ERAS	1,000,000,000년
MILLENNIA	1,000년
CENTURIES	100년
DECADES	10년
YEARS	년
MONTHS	월
WEEKS	주
DAYS	일
HALF_DAYS	반나절
HOURS	시
MINUTES	분
SECONDS	초
MILLIS	천분의 일초(=10^{-3})
MICROS	백만분의 일초(=10^{-6})
NANOS	10억분의 일초(=10^{-9})

3.3 LocalDate와 LocalTime – 날짜와 시간의 비교

- 날짜와 시간을 비교할 때, isAfter(), isBefore(), isEqual()를 사용

```
boolean isAfter (ChronoLocalDate other)
boolean isBefore(ChronoLocalDate other)
boolean isEqual (ChronoLocalDate other)       // LocalDate에만 있음
```

- compareTo()로도 비교할 수 있다.

```
int result = date1.compareTo(date2); //같으면 0, date1이 이전이면 -1, 이후면 1
```

- 대부분의 경우, isEqual() 대신 equals()를 사용해도 된다.

```
LocalDate     kDate = LocalDate.of(1999, 12, 31);
JapaneseDate jDate = JapaneseDate.of(1999, 12, 31);

System.out.println(kDate.equals(jDate));  // false    연대가 다름
System.out.println(kDate.isEqual(jDate)); // true
```

3.4 Instant – java.util.Date를 대체

- 에포크 타임(1970-01-01 00:00:00 UTC)부터 경과된 시간을 표현
- 날짜와 시간과 달리 단일 진법(10진법)이라 계산에 편리

```
Instant now  = Instant.now();
Instant now2 = Instant.ofEpochSecond(now.getEpochSecond());
Instant now3 = Instant.ofEpochSecond(now.getEpochSecond(),
                                          now.getNano());
```

- 나노초 단위가 아니라 밀리초 단위의 에포크 타임이 필요할 때

```
long toEpochMilli()
```

- Instant와 Date간의 변환에 사용하는 메서드

```
static Date    from(Instant instant)    //  Instant → Date
       Instant toInstant()              //  Date → Instant
```

3.5 LocalDateTime과 ZonedDateTime(1/3)

- LocalDateTime은 LocalDate와 LocalTime을 합쳐놓은 것
- ZonedDateTime은 LocalDateTime에 시간대(time zone)를 추가한 것

| LocalDate | + | LocalTime | → | LocalDateTime |
| LocalDateTime | + | 시간대 | → | ZonedDateTime |

- now(), of()로 LocalDateTime만들기. 다양한 종류의 of()가 있음

```
// 2015년 12월 31일 12시 34분 56초
LocalDateTime dateTime = LocalDateTime.of(2015, 12, 31, 12, 34, 56);
LocalDateTime today    = LocalDateTime.now();
```

- LocalDate와 LocalTime으로 LocalDateTime만들기

```
LocalDate date = LocalDate.of(2015, 12, 31);
LocalTime time = LocalTime.of(12,34,56);

LocalDateTime dt  = LocalDateTime.of(date, time);
LocalDateTime dt2 = date.atTime(time);
LocalDateTime dt3 = time.atDate(date);
LocalDateTime dt4 = date.atTime(12, 34, 56);
LocalDateTime dt5 = time.atDate(LocalDate.of(2015, 12, 31));
LocalDateTime dt6 = date.atStartOfDay(); // dt6 = date.atTime(0,0,0);
```

3.5 LocalDateTime과 ZonedDateTime(2/3)

- LocalDateTime을 LocalDate 또는 LocalTime으로 변환하기

```
LocalDateTime dt = LocalDateTime.of(2015, 12, 31, 12, 34, 56);
LocalDate date = dt.toLocalDate();  // LocalDateTime → LocalDate
LocalTime time = dt.toLocalTime();  // LocalDateTime → LocalTime
```

- LocalDateTime으로 ZonedDateTime만들기

```
ZoneId          zid = ZoneId.of("Asia/Seoul");
ZonedDateTime zdt = dateTime.atZone(zid);
System.out.println(zdt); // 2015-11-27T17:47:50.451+09:00[Asia/Seoul]
```

[참고] 사용가능한 ZoneId의 목록은 ZoneId.getAvailableZoneIds()로 얻을 수 있다.

- 현재 특정시간대(예를 들어 뉴욕)의 시간을 알고 싶을 때

```
ZoneId          nyId  = ZoneId.of("America/New_York");
ZonedDateTime nyTime = ZonedDateTime.now().withZoneSameInstant(nyId);
```

3.6 ZonedDateTime의 변환

- ZonedDateTime을 변환하는데 사용되는 메서드

```
LocalDate          toLocalDate()
LocalTime          toLocalTime()
LocalDateTime      toLocalDateTime()
OffsetDateTime     toOffsetDateTime()
long               toEpochSecond()
Instant            toInstant()
```

- ZonedDateTime을 GregorianCalendar(Calendar)로 변환하는 방법

```
// ZonedDateTime → GregorianCalendar
GregorianCalendar from(ZonedDateTime zdt)

// GregorianCalendar → ZonedDateTime
ZonedDateTime      toZonedDateTime()
```

3.7 ZoneOffset과 OffsetDateTime

- ZoneOffset은 UTC(표준시)로부터 얼마만큼 떨어져있는지 표현에 사용
  한국은 UTC+9 즉 UTC보다 9시간 빠르다.

```
// 현재 위치(서울)의 ZoneOffset을 얻은다음, offset을 초단위로 구한다.
ZoneOffset krOffset = ZonedDateTime.now().getOffset();
int krOffsetInSec = krOffset.get(ChronoField.OFFSET_SECONDS);// 32400초(9시간)
```

- OffsetDateTime은 ZoneOffset으로 시간대를 표현

  (ZonedDateTime은 ZoneId로 시간대를 표현. ZoneId는 시간대 관련 규칙 포함)

- OffsetDateTime는 서로 다른 시간대의 컴퓨터간의 통신에 유용

```
ZonedDateTime  zdt = ZonedDateTime.of(date, time, zid);
OffsetDateTime odt = OffsetDateTime.of(date, time, krOffset);

// ZonedDatetime → OffsetDateTime
OffsetDateTime odt = zdt.toOffsetDateTime();
```

3.8 TemporalAdjusters

- plus(), minus()로 계산하기에 복잡한 날짜계산을 도와준다.

```
// TemporalAdjusters로 다음주 월요일을 알아낸다.
LocalDate today     = LocalDate.now();
LocalDate nextMonday = today.with(TemporalAdjusters.next(DayOfWeek.MONDAY));
```

- TemporalAdjusters가 제공하는 메서드

메서드		설명
firstDayOfNextYear()		다음 해의 첫 날
firstDayOfNextMonth()		다음 달의 첫 날
firstDayOfYear()		올 해의 첫 날
firstDayOfMonth()		이번 달의 첫 날
lastDayOfYear()		올 해의 마지막 날
lastDayOfMonth()		이번 달의 마지막 날
firstInMonth	(DayOfWeek dayOfWeek)	이번 달의 첫 번째 ?요일
lastInMonth	(DayOfWeek dayOfWeek)	이번 달의 마지막 ?요일
previous	(DayOfWeek dayOfWeek)	지난 ?요일(당일 미포함)
previousOrSame	(DayOfWeek dayOfWeek)	지난 ?요일(당일 포함)
next	(DayOfWeek dayOfWeek)	다음 ?요일(당일 미포함)
nextOrSame	(DayOfWeek dayOfWeek)	다음 ?요일(당일 포함)
dayOfWeekInMonth(int ordinal, DayOfWeek dayOfWeek)		이번 달의 n번째 ?요일

3.9 Period와 Duration(1/4)

- Period는 날짜의 차이를, Duration은 시간의 차이를 계산하기 위한 것

날짜 - 날짜 = Period

시간 - 시간 = Duration

- 두 날짜 또는 시간의 차이를 구할 때는 between()을 사용

```
// 두 날짜의 차이 구하기
LocalDate date1 = LocalDate.of(2014, 1,  1);
LocalDate date2 = LocalDate.of(2015, 12, 31);

Period pe = Period.between(date1, date2);

// 두 시각의 차이 구하기
LocalTime time1 = LocalTime.of(00,00,00);
LocalTime time2 = LocalTime.of(12,34,56); // 12시 34분 56초

Duration du = Duration.between(time1, time2);
```

3.9 Period와 Duration(2/4)

- 특정 필드의 값을 얻을 때는 get()을 사용

```
long year  = pe.get(ChronoUnit.YEARS);    // int getYears()
long month = pe.get(ChronoUnit.MONTHS);   // int getMonths()
long day   = pe.get(ChronoUnit.DAYS);     // int getDays()

long sec   = du.get(ChronoUnit.SECONDS);  // long getSeconds()
int  nano  = du.get(ChronoUnit.NANOS);    // int  getNano()
```

- getHours(), getMinute()같은 메서드가 없다.

```
System.out.println(pe.getUnits());  // [Years, Months, Days]
System.out.println(du.getUnits());  // [Seconds, Nanos]
```

- 시분초를 구할 때는 Duration을 LocalTime으로 변환하는 것이 편리

```
LocalTime tmpTime = LocalTime.of(0,0).plusSeconds(du.getSeconds());

int hour = tmpTime.getHour();
int min  = tmpTime.getMinute();
int sec  = tmpTime.getSecond();
int nano = du.getNano();
```

3.9 Period와 Duration(3/4)

- until()은 between()과 거의 같다.(between()은 static메서드)

- Period는 년월일을 분리해서 저장하므로, D-day구할 때는 until()이 낫다.

```
// Period pe = Period.between(today, myBirthDay);
Period pe = today.until(myBirthDay);
long dday = today.until(myBirthDay, ChronoUnit.DAYS);
```

- LocalTime에도 until()이 있지만, Duration을 반환하는 until()은 없다.

```
long sec = LocalTime.now().until(endTime, ChronoUnit.SECONDS);
```

- of(), ofXXX(), with(), withXXX()

```
      Period pe   = Period.of(1, 12, 31); // 1년 12개월 31일
      Duration du = Duration.of(60, ChronoUnit.SECONDS);  // 60초
//    Duration du = Duration.ofSeconds(60);   // 위의 문장과 동일.

      // withYears(), withMonths(), withDays()
      pe = pe.withYears(2);      // 1년에서 2년으로 변경.
      du = du.withSeconds(120); // 60초에서 120초로 변경. withNanos()
```

3.9 Period와 Duration(4/4)

- plus(), minus()외에도 곱셈과 나눗셈하는 메서드도 있다.

```
      pe = pe.minusYears(1).multipliedBy(2); // 1년을 빼고, 2배를 곱한다.
      du = du.plusHours(1).dividedBy(60);    // 1간을 더하고 60으로 나눈다.
```

- isNegative()와 isZero()를 사용하면 날짜와 시간의 순서를 확인가능

```
      boolean sameDate  = Period.between(date1, date2).isZero();
      boolean isBefore  = Duration.between(time1, time2).isNegative();
```

- 다른 단위로 변환. toTotalMonths(), toDays(), toHours(), toMinutes()

클래스	메서드	설명
Period	long toTotalMonths( )	년월일을 월단위로 변환해서 반환(일 단위는 무시)
Duration	long toDays( )	일단위로 변환해서 반환
	long toHours( )	시간단위로 변환해서 반환
	long toMinutes( )	분단위로 변환해서 반환
	long toMillis( )	천분의 일초 단위로 변환해서 반환
	long toNanos( )	나노초 단위로 변환해서 반환

3.10 날짜와 시간의 형식화(formatting)

- java.time.format패키지 : 형식화와 관련된 클래스를 제공
- DateTimeFormatter의 format()를 사용해서 날짜와 시간을 형식화

```
LocalDate   date = LocalDate.of(2016, 1, 2);
String yyyymmdd = DateTimeFormatter.ISO_LOCAL_DATE.format(date);
String yyyymmdd = date.format(DateTimeFormatter.ISO_LOCAL_DATE);
System.out.println(yyyymmdd); // "2016-01-02"
```

DateTimeFormatter	설명	보기
ISO_DATE_TIME	Date and time with ZoneId	2011-12-03T10:15:30+01:00[Europe/Paris]
ISO_LOCAL_DATE	ISO Local Date	2011-12-03
ISO_LOCAL_TIME	Time without offset	10:15:30
ISO_LOCAL_DATE_TIME	ISO Local Date and Time	2011-12-03T10:15:30
ISO_OFFSET_DATE	ISO Date with offset	2011-12-03+01:00
ISO_OFFSET_TIME	Time with offset	10:15:30+01:00
ISO_OFFSET_DATE_TIME	Date Time with Offset	2011-12-03T10:15:30+01:00
ISO_ZONED_DATE_TIME	Zoned Date Time	2011-12-03T10:15:30+01:00[Europe/Paris]
ISO_INSTANT	Date and Time of an Instant	2011-12-03T10:15:30Z
BASIC_ISO_DATE	Basic ISO date	20111203
ISO_DATE	ISO Date with or without offset	2011-12-03+01:00 2011-12-03
ISO_TIME	Time with or without offset	10:15:30+01:00 10:15:30
ISO_ORDINAL_DATE	Year and day of year	2012-337
ISO_WEEK_DATE	Year and Week	2012-W48-6
RFC_1123_DATE_TIME	RFC 1123 / RFC 822	Tue, 3 Jun 2008 11:05:30 GMT

3.11 로케일(locale)에 종속된 형식화

- ofLocalizedDate(), ofLocalizedTime(), ofLocalizedDateTime()

```
DateTimeFormatter formatter
    = DateTimeFormatter.ofLocalizedDate(FormatStyle.SHORT);
String shortFormat = formatter.format(LocalDate.now());
```

- FormatStyle의 종류에 따른 출력형태는 다음과 같다.

FormatSytle	날짜	시간
FULL	2015년 11월 28일 토요일	N/A
LONG	2015년 11월 28일 (토)	오후 9시 15분 13초
MEDIUM	2015. 11. 28	오후 9:15:13
SHORT	15. 11. 28	오후 9:15

3.12 출력형식 직접 정의하기

- DateTimeFormatter의 ofPattern()으로 직접 출력형식 작성하기

```
DateTimeFormatter formatter = DateTimeFormatter.ofPattern("yyyy/MM/dd");
```

- 출력형식의 작성에 사용되는 기호의 목록

기호	의미	기호	의미
G	연대(BC, AD)	h	시간(1~12)
y 또는 u	년도	m	분(0~59)
M 또는 L	월(1~12 또는 1월~12월)	s	초(0~59)
Q 또는 q	분기(quarter)	S	천분의 일초(0~999)
w	년의 몇 번째 주(1~53)	A	천분의 일초(그 날의 0시 0
W	월의 몇 번째 주(1~5)	n	나노초(0~999999999)
D	년의 몇 번째 일(1~366)	N	나노초(그 날의 0시 0분 0
d	월의 몇 번째 일(1~31)	V	시간대 ID(VV)
F	월의 몇 번째 요일(1~5)	z	시간대(time-zone) 이름
E 또는 e	요일	O	지역화된 zone-offset
a	오전/오후(AM, PM)	Z	zone-offset
H	시간(0~23)	X 또는 x	zone-offset(Z는 +00:00
k	시간(1~24)	'	escape문자(특수문자를 표현하는데 사용)
K	시간(0~11)		

331

3.13 날짜와 시간 문자열 파싱하기

- parse()를 이용하면 문자열을 날짜와 시간으로 파싱할 수 있다.

```
static LocalDateTime parse(CharSequence text)
static LocalDateTime parse(CharSequence text, DateTimeFormatter formatter)
```

- DateTimeFormatter에 정의된 형식을 사용할 때는 다음과 같이 한다.

```
LocalDate date =
        LocalDate.parse("2016-01-02",DateTimeFormatter.ISO_LOCAL_DATE);
```

- 자주 사용되는 형식은 ISO_LOCAL_DATE 등을 사용하지 않고 파싱 가능

```
LocalDate       newDate     = LocalDate.parse("2001-01-01");
LocalTime       newTime     = LocalTime.parse("23:59:59");
LocalDateTime   newDateTime = LocalDateTime.parse("2001-01-01T23:59:59");
```

- ofPattern()으로 파싱할 수도 있다.

```
DateTimeFormatter pattern =
                DateTimeFormatter.ofPattern("yyyy-MM-dd HH:mm:ss");
LocalDateTime     endOfYear =
                LocalDateTime.parse("2015-12-31 23:59:59", pattern);
```

332

Java의 정석

제 11 장

컬렉션 프레임웍
(collections framework)

1.1 컬렉션 프레임웍(collections framework)이란?

▶ 컬렉션(collection)
  - 여러 객체(데이터)를 모아 놓은 것을 의미

▶ 프레임웍(framework)
  - 표준화, 정형화된 체계적인 프로그래밍 방식

▶ 컬렉션 프레임웍(collections framework)
  - 컬렉션(다수의 객체)을 다루기 위한 표준화된 프로그래밍 방식
  - 컬렉션을 쉽고 편리하게 다룰 수 있는 다양한 클래스를 제공
  - java.util패키지에 포함. JDK1.2부터 제공

▶ 컬렉션 클래스(collection class)
  - 다수의 데이터를 저장할 수 있는 클래스(예, Vector, ArrayList, HashSet)

1.2 컬렉션 프레임웍의 핵심 인터페이스

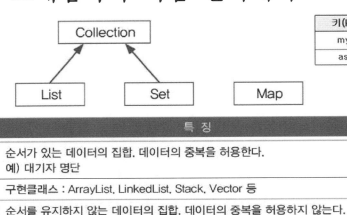

키(key)	값(value)
myld	1234
asdf	1234

인터페이스	특 징
List	순서가 있는 데이터의 집합. 데이터의 중복을 허용한다. 예) 대기자 명단
	구현클래스 : ArrayList, LinkedList, Stack, Vector 등
Set	순서를 유지하지 않는 데이터의 집합. 데이터의 중복을 허용하지 않는다. 예) 양의 정수집합. 소수의 집합
	구현클래스 : HashSet, TreeSet 등
Map	키(key)와 값(value)의 쌍(pair)으로 이루어진 데이터의 집합 순서는 유지되지 않으며, 키는 중복을 허용하지 않고, 값은 중복을 허용한다. 예) 우편번호, 지역번호(전화번호)
	구현클래스 : HashMap, TreeMap, Hashtable, Properties 등

▲ 표11-1 컬렉션 프레임웍의 핵심 인터페이스와 특징

335

1.3 Collection인터페이스의 메서드

메서드	설 명
boolean add(Object o) boolean addAll(Collection c)	지정된 객체(o) 또는 Collection(c)의 객체들을 Collection에 추가한다.
void clear()	Collection의 모든 객체를 삭제한다.
boolean contains(Object o) boolean containsAll(Collection c)	지정된 객체(o) 또는 Collection의 객체들이 Collection에 포함되어 있는지 확인한다.
boolean equals(Object o)	동일한 Collection인지 비교한다.
int hashCode()	Collection의 hash code를 반환한다.
boolean isEmpty()	Collection이 비어있는지 확인한다.
Iterator iterator()	Collection의 Iterator를 얻어서 반환한다.
boolean remove(Object o)	지정된 객체를 삭제한다.
boolean removeAll(Collection c)	지정된 Collection에 포함된 객체들을 삭제한다.
boolean retainAll(Collection c)	지정된 Collection에 포함된 객체만을 남기고 다른 객체들은 Collection에서 삭제한다. 이 작업으로 인해 Collection에 변화가 있으면 true를 그렇지 않으면 false를 반환한다.
int size()	Collection에 저장된 객체의 개수를 반환한다.
Object[] toArray()	Collection에 저장된 객체를 객체배열(Object[])로 반환한다.
Object[] toArray(Object[] a)	지정된 배열에 Collection의 객체를 저장해서 반환한다.

336

1.4 List인터페이스의 메서드 - 순서O, 중복O

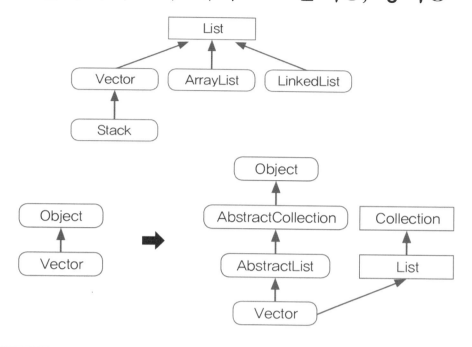

1.4 List인터페이스의 메서드 - 순서O, 중복O

메서드	설 명
void add(int index, Object element) boolean addAll(int index, Collection c)	지정된 위치(index)에 객체(element) 또는 컬렉션에 포함된 객체들을 추가한다.
Object get(int index)	지정된 위치(index)에 있는 객체를 반환한다.
int indexOf(Object o)	지정된 객체의 위치(index)를 반환한다. (List의 첫 번째 요소부터 순방향으로 찾는다.)
int lastIndexOf(Object o)	지정된 객체의 위치(index)를 반환한다. (List의 마지막 요소부터 역방향으로 찾는다.)
ListIterator listIterator( ) ListIterator listIterator(int index)	List의 객체에 접근할 수 있는 ListIterator를 반환한다.
Object remove(int index)	지정된 위치(index)에 있는 객체를 삭제하고 삭제된 객체를 반환한다.
Object set(int index, Object element)	지정된 위치(index)에 객체(element)를 저장한다
void sort(Comparator c)	지정된 비교자(comparator)로 List를 정렬한다.
List subList(int fromIndex, int toIndex)	지정된 범위(fromIndex부터 toIndex)에 있는 객체를 반환한다.

1.5 Set인터페이스 – 순서X, 중복X

* Set인터페이스의 메서드 – Collection인터페이스와 동일

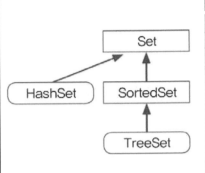

메서드	설 명
boolean add(Object o)	지정된 객체(o)를 Collection에 추가한다.
void clear()	Collection의 모든 객체를 삭제한다.
boolean contains(Object o)	지정된 객체(o)가 Collection에 포함되어 있는지 확인한다.
boolean equals(Object o)	동일한 Collection인지 비교한다.
int hashCode()	Collection의 hash code를 반환한다.
boolean isEmpty()	Collection이 비어있는지 확인한다.
Iterator iterator()	Collection의 Iterator를 얻어서 반환한다.
boolean remove(Object o)	지정된 객체를 삭제한다.
int size()	Collection에 저장된 객체의 개수를 반환한다.
Object[] toArray()	Collection에 저장된 객체를 객체배열(Object[ ])로 반환한다.
Object[] toArray(Object[] a)	지정된 배열에 Collection의 객체를 저장해서 반환한다.

* 집합과 관련된 메서드(Collection에 변화가 있으면 true, 아니면 false를 반환.

메서드	설 명
boolean addAll(Collection c)	지정된 Collection(c)의 객체들을 Collection에 추가한다. (합집합)
boolean containsAll(Collection c)	지정된 Collection의 객체들이 Collection에 포함되어 있는지 확인한다. (부분집합)
boolean removeAll(Collection c)	지정된 Collection에 포함된 객체들을 삭제한다. (차집합)
boolean retainAll(Collection c)	지정된 Collection에 포함된 객체만을 남기고 나머지는 Collection에서 삭제한다. (교집합)

1.6 Map인터페이스의 메서드 – 순서X,중복(키X,값O)

키(key)	값(value)
myId	1234
asdf	1234

메서드	설 명
void clear()	Map의 모든 객체를 삭제한다.
boolean containsKey(Object key)	지정된 key객체와 일치하는 Map의 key객체가 있는지 확인한다.
boolean containsValue(Object value)	지정된 value객체와 일치하는 Map의 value객체가 있는지 확인한다.
Set entrySet()	Map에 저장되어 있는 key-value쌍을 Map.Entry타입의 객체로 저장한 Set으로 반환한다.
boolean equals(Object o)	동일한 Map인지 비교한다.
Object get(Object key)	지정한 key객체에 대응하는 value객체를 찾아서 반환한다.
int hashCode()	해시코드를 반환한다.
boolean isEmpty()	Map이 비어있는지 확인한다.
Set keySet()	Map에 저장된 모든 key객체를 반환한다.
Object put(Object key, Object value)	Map에 value객체를 key객체에 연결(mapping)하여 저장한다.
void putAll(Map t)	지정된 Map의 모든 key-value쌍을 추가한다.
Object remove(Object key)	지정한 key객체와 일치하는 key-value객체를 삭제한다.
int size()	Map에 저장된 key-value쌍의 개수를 반환한다.
Collection values()	Map에 저장된 모든 value객체를 반환한다.

2.1 Vector와 ArrayList

- ArrayList는 기존의 Vector를 개선한 것으로 구현원리와 기능적으로 동일
  Vector는 자체적으로 동기화처리가 되어 있으나 ArrayList는 그렇지 않다.

- List인터페이스를 구현하므로, 저장순서가 유지되고 중복을 허용한다.

- 데이터의 저장공간으로 배열을 사용한다.(배열기반)

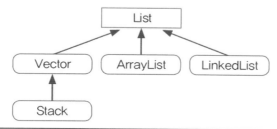

```
public class Vector extends AbstractList
    implements List, RandomAccess, Cloneable, java.io.Serializable
{
        ...
    protected Object[] elementData;  // 객채를 담기 위한 배열
        ...
```

341

2.2 ArrayList의 사용예

```
ArrayList list = new ArrayList();  // JDK1.8현재 기본크기 10
list.add("111"); // void add(Object obj)
list.add("222");
list.add("333");
list.add("222"); // 중복 요소 추가가능
list.add(333);    // list.add(new Integer(333));
System.out.println(list);

list.add(0, "000");    // void add(int index, Object obj)
System.out.println(list);

System.out.println("index="+list.indexOf("333"));

list.remove("333");  // boolean remove(Object obj)
System.out.println(list);

System.out.println(list.remove("333"));
System.out.println(list);
System.out.println("index="+list.indexOf("333"));

for(int i=0;i<list.size();i++)
    list.set(i, i+"");  // Object set(int index, Object obj)

System.out.print("{");
for(int i=0;i<list.size();i++)
    System.out.print(list.get(i)+", "); // Object get(int index)
System.out.println("}");
```

```
for(int i=0;i<list.size();i++)
    list.remove(i);      // Object remove(int index)
System.out.println(list);
```

```
// 마지막 요소부터 차례대로 삭제
for(int i=list.size()-1;i>=0;i--)
    list.remove(i);
System.out.println(list);
```

Console ☒

<terminated> ArrayListEx1 [Java Application]
```
[111, 222, 333, 222, 333]
[000, 111, 222, 333, 222, 333]
index=3
[000, 111, 222, 222, 333]
false
[000, 111, 222, 222, 333]
index=-1
{0, 1, 2, 3, 4, }
[1, 3]
```

342

2.3 ArrayList에 저장된 객체의 삭제과정(1/2)

- ArrayList에 저장된 세 번째 데이터(data[2])를 삭제하는 과정. list.remove(2);를 호출

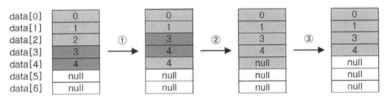

① 삭제할 데이터 아래의 데이터를 한 칸씩 위로 복사해서 삭제할 데이터를 덮어쓴다.

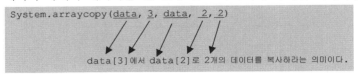

```
System.arraycopy(data, 3, data, 2, 2)
```

data[3]에서 data[2]로 2개의 데이터를 복사하라는 의미이다.

② 데이터가 모두 한 칸씩 이동했으므로 마지막 데이터는 null로 변경한다.

```
data[size-1] = null;
```

③ 데이터가 삭제되어 데이터의 개수가 줄었으므로 size의 값을 감소시킨다.

```
size--;
```

※ 마지막 데이터를 삭제하는 경우, ①의 과정(배열의 복사)은 필요없다.

343

2.3 ArrayList에 저장된 객체의 삭제과정(2/2)

① ArrayList에 저장된 첫 번째 객체부터 삭제하는 경우(배열 복사 발생)

```
for(int i=0;i<list.size();i++)
    list.remove(i);
```

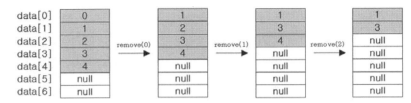

② ArrayList에 저장된 마지막 객체부터 삭제하는 경우(배열 복사 발생안함)

```
for(int i=list.size()-1;i>=0;i--)
    list.remove(i);
```

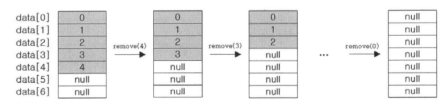

344

2.4 Vector의 크기(size)와 용량(capacity)

```java
// 1. 용량(capacity)이 5인 Vector를 생성한다.
Vector v = new Vector(5);
v.add("1");
v.add("2");
v.add("3");

// 2. 빈 공간을 없앤다.(용량과 크기가 같아진다.)
v.trimToSize();

// 3. capacity가 6이상 되도록 한다.
v.ensureCapacity(6);

// 4. size가 7이 되게 한다.
v.setSize(7);

// 5. Vector에 저장된 모든 요소를 제거한다.
v.clear();
```

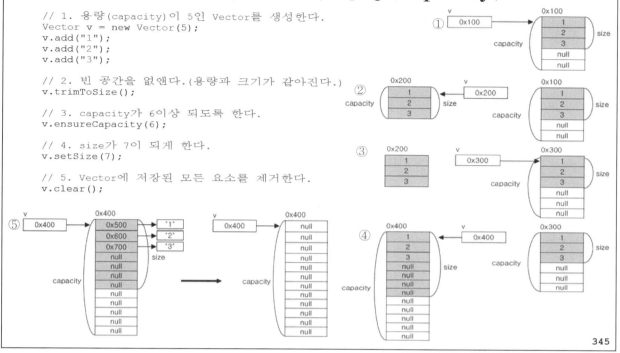

2.5 Vector를 직접 구현하기 – MyVector.java

① 객체를 저장할 객체배열(objArr)과 크기(size)를 저장할 변수를 선언

② 생성자 MyVector(int capacity)와 기본 생성자 MyVector()를 선언

③ 메서드 구현

- int size() – 컬렉션의 크기(size, 객체배열에 저장된 객체의 개수)를 반환
- int capacity() – 컬렉션의 용량(capacity, 객체배열의 길이)을 반환
- boolean isEmpty() – 컬렉션이 비어있는지 확인
- void clear() – 컬렉션의 객체를 모두 제거(객체배열의 모든 요소를 null)
- Object get(int index) – 컬렉션에서 지정된 index에 저장된 객체를 반환
- int indexOf(Object obj) – 지정된 객체의 index를 반환(못찾으면 -1)
- void setCapacity(int capacity) – 컬렉션의 용량을 변경
- void ensureCapacity(int minCapacity) – 컬렉션의 용량을 확보
- Object remove (int index) – 컬렉션에서 객체를 삭제
- boolean add(Object obj) – 컬렉션에 객체를 추가

▌알아두면 좋아요! - Java API 소스보기(src.zip)

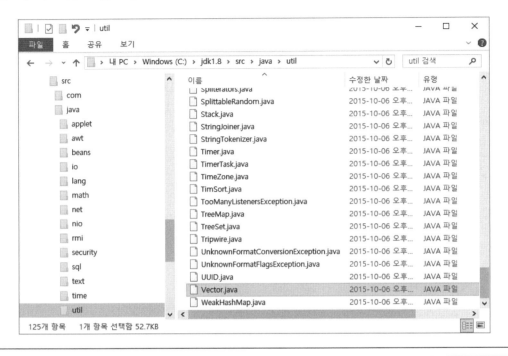

2.6 ArrayList의 장점과 단점

▶ 장점 : 배열은 구조가 간단하고 데이터를 읽는 데 걸리는 시간
(접근시간, access time)이 짧다.

▶ 단점 1 : 크기를 변경할 수 없다.

- 크기를 변경해야 하는 경우 새로운 배열을 생성 후 데이터를 복사해야함.

- 크기 변경을 피하기 위해 충분히 큰 배열을 생성하면, 메모리가 낭비됨.

▶ 단점 2 : 비순차적인 데이터의 추가, 삭제에 시간이 많이 걸린다.

- 데이터를 추가하거나 삭제하기 위해, 다른 데이터를 옮겨야 함.

- 그러나 순차적인 데이터 추가(끝에 추가)와 삭제(끝부터 삭제)는 빠르다.

3.1 LinkedList - 배열의 단점을 보완

- 배열과 달리 링크드 리스트는 불연속적으로 존재하는 데이터를 연결(link)

▶ 데이터의 삭제 : 단 한 번의 참조변경만으로 가능

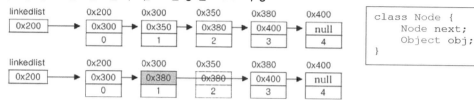

▶ 데이터의 추가 : 한번의 Node객체생성과 두 번의 참조변경만으로 가능

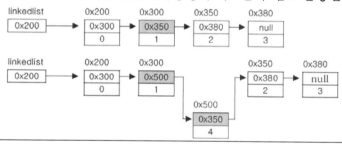

3.2 LinkedList – 이중 연결 리스트

▶ 링크드 리스트(linked list) – 연결리스트. 데이터 접근성이 나쁨

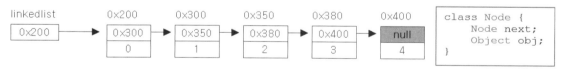

▶ 더블리 링크드 리스트(doubly linked list) – 이중 연결리스트, 접근성 향상

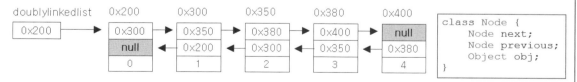

▶ 더블리 써큘러 링크드 리스트(doubly circular linked list) – 이중 원형 연결리스트

3.3 ArrayList vs. LinkedList – 성능 비교

① 순차적으로 데이터를 추가/삭제 – ArrayList가 빠름

② 비순차적으로 데이터를 추가/삭제 – LinkedList가 빠름

③ 접근시간(access time) – ArrayList가 빠름

```
= 순차적으로 추가하기 =
ArrayList :406
LinkedList :606

= 순차적으로 삭제하기 =
ArrayList :11
LinkedList :46

= 중간에 추가하기 =
ArrayList :7382
LinkedList :31

= 중간에서 삭제하기 =
ArrayList :6694
LinkedList :380

= 접근시간테스트 =
ArrayList :1
LinkedList :432
```

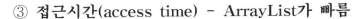

n번째 데이터의 주소 = 배열의 주소 + (n-1) ✦ 데이터 타입의 크기

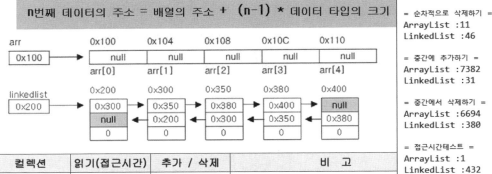

컬렉션	읽기(접근시간)	추가 / 삭제	비 고
ArrayList	빠르다	느리다	순차적인 추가삭제는 빠름. 비효율적인 메모리사용
LinkedList	느리다	빠르다	데이터가 많을수록 접근성이 떨어짐

351

4.1 스택과 큐(Stack & Queue)

▶ 스택(Stack) : LIFO구조. 마지막에 저장된 것을 제일 먼저 꺼내게 된다.
- 수식계산, 수식괄호검사, undo/redo, 뒤로/앞으로(웹브라우져)

▶ 큐(Queue) : FIFO구조. 제일 먼저 저장한 것을 제일 먼저 꺼내게 된다.
- 최근 사용문서, 인쇄작업대기목록, 버퍼(buffer)

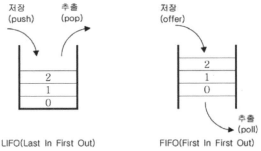

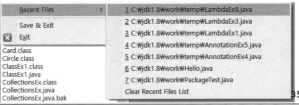

352

▌알아두면 좋아요! – 인터페이스를 구현한 클래스 찾기

java.util

Interface Queue<E>

Type Parameters:
E - the type of elements held in this collection

All Superinterfaces:
Collection<E>, Iterable<E>

All Known Subinterfaces:
BlockingDeque<E>, BlockingQueue<E>, Deque<E>, TransferQueue<E>

All Known Implementing Classes:
AbstractQueue, ArrayBlockingQueue, ArrayDeque, ConcurrentLinkedDeque,
ConcurrentLinkedQueue, DelayQueue, LinkedBlockingDeque, LinkedBlockingQueue,
LinkedList, LinkedTransferQueue, PriorityBlockingQueue, PriorityQueue,
SynchronousQueue

4.2 Queue의 변형 – Deque, PriorityQueue, BlockingQueue

▶ 덱(Deque) : Stack과 Queue의 결합. 양끝에서 저장(offer)과 삭제(poll) 가능

(구현클래스 : ArrayDeque, LinkedList)

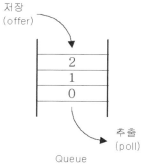

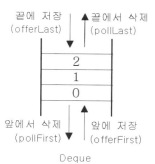

▶ 우선순위 큐(PriorityQueue) : 우선순위가 높은 것부터 꺼냄(null 저장불가)

입력[3,1,5,2,4] -> 출력[1,2,3,4,5]

▶ 블락킹 큐(BlockingQueue) : 비어 있을 때 꺼내기와, 가득 차 있을 때 넣기를

지정된 시간동안 지연시킴(block) – 멀티쓰레드

5.1 Enumeration, Iterator, ListIterator

- 컬렉션에 저장된 데이터를 접근하는데 사용되는 인터페이스
- Enumeration은 Iterator의 구버젼
- ListIterator는 Iterator의 접근성을 향상시킨 것 (단방향 → 양방향)

메서드	설 명
boolean hasNext( )	읽어 올 요소가 남아있는지 확인한다. 있으면 true, 없으면 false를 반환한다.
Object next( )	다음 요소를 읽어 온다. next( )를 호출하기 전에 hasNext( )를 호출해서 읽어 올 요소가 있는지 확인하는 것이 안전하다.
void remove( )	next( )로 읽어 온 요소를 삭제한다. next( )를 호출한 다음에 remove( )를 호출해야한다.(선택적 기능)
void forEachRemaining(Consumer<? super E> action)	컬렉션에 남아있는 요소들에 대해 지정된 작업(action)을 수행한다. 람다식을 사용하는 디폴트 메서드.(JDK1.8부터 추가)

▲ 표11-12 Iterator인터페이스의 메서드

메서드	설 명
boolean hasMoreElements( )	읽어 올 요소가 남아있는지 확인한다. 있으면 true, 없으면 false를 반환한다. Iterator의 hasNext( )와 같다.
Object nextElement( )	다음 요소를 읽어 온다. nextElement( )를 호출하기 전에 hasMoreElements( )를 호출해서 읽어올 요소가 남아있는지 확인하는 것이 안전하다. Iterator의 next( )와 같다.

▲ 표11-13 Enumeration인터페이스의 메서드

5.2 Iterator

- 컬렉션에 저장된 요소들을 읽어오는 방법을 표준화한 것
- 컬렉션에 iterator()를 호출해서 Iterator를 구현한 객체를 얻어서 사용.

메서드	설 명
boolean hasNext( )	읽어 올 요소가 남아있는지 확인한다. 있으면 true, 없으면 false를 반환한다.
Object next( )	다음 요소를 읽어 온다. next( )를 호출하기 전에 hasNext( )를 호출해서 읽어 올 요소가 있는지 확인하는 것이 안전하다.
void remove( )	next( )로 읽어 온 요소를 삭제한다. next( )를 호출한 다음에 remove( )를 호출해야한다.(선택적 기능)
void forEachRemaining(Consumer<? super E> action)	컬렉션에 남아있는 요소들에 대해 지정된 작업(action)을 수행한다. 람다식을 사용하는 디폴트 메서드.(JDK1.8부터 추가)

```
Collection c = new ArrayList();   // 다른 컬렉션으로 변경할 때는 이 부분만 고치면 된다.
   ...
Iterator it = c.iterator();

while(it.hasNext()) {
    System.out.println(it.next());
}

Map map = new HashMap();
   ...
Iterator list = map.entrySet().iterator();
```

```
public interface Collection {
    ...
    public Iterator iterator();
    ...
}
```

```
Set eSet = map.entrySet();
Iterator list = eSet.iterator();
```

5.3 ListIterator – Iterator의 기능을 확장(상속)

- Iterator의 접근성을 향상시킨 것이 ListIterator이다.(단방향 →양방향)
- listIterator()를 통해서 얻을 수 있다.(List를 구현한 컬렉션 클래스에 존재)

```
public interface ListIterator extends Iterator {
    ...
}
```

```
public interface List extends Collection {
    ...
    ListIterator listIterator();
    ...
}
```

메서드	설 명
boolean hasNext( )	읽어 올 다음 요소가 남아있는지 확인한다. 있으면 true, 없으면 false를 반환한다.
boolean hasPrevious( )	읽어 올 이전 요소가 남아있는지 확인한다. 있으면 true, 없으면 false를 반환한다.
Object next( )	다음 요소를 읽어 온다. next( )를 호출하기 전에 hasNext( )를 호출해서 읽어 올 요소가 있는지 확인하는 것이 안전하다.
Object previous( )	이전 요소를 읽어 온다. previous( )를 호출하기 전에 hasPrevious( )를 호출해서 읽어 올 요소가 있는지 확인하는 것이 안전하다.
int nextIndex( )	다음 요소의 index를 반환한다.
int previousIndex( )	이전 요소의 index를 반환한다.
void add (Object o)	컬렉션에 새로운 객체(o)를 추가한다.(선택적 기능)
void remove( )	next( ) 또는 previous( )로 읽어 온 요소를 삭제한다. 반드시 next( )나 previous( )를 먼저 호출한 다음에 이 메서드를 호출해야한다.(선택적 기능)
void set (Object o)	next( ) 또는 previous( )로 읽어 온 요소를 지정된 객체(o)로 변경한다. 반드시 next( )나 previous( )를 먼저 호출한 다음에 이 메서드를 호출해야한다.(선택적 기능)

6.1 Arrays(1/3) – 배열을 다루기 편리한 메서드(static) 제공

1. 배열의 출력 – toString()

```
static String toString(boolean[] a)
static String toString(byte[] a)
static String toString(char[] a)
static String toString(short[] a)
static String toString(int[] a)
static String toString(long[] a)
static String toString(float[] a)
static String toString(double[] a)
static String toString(Object[] a)
```

2. 다차원 배열의 비교와 출력 – deepEquals(), deepToString(), equals()

```
int[] arr   = {0,1,2,3,4};
int[][] arr2D = {{11,12}, {21,22}};

System.out.println(Arrays.toString(arr)); // [0, 1, 2, 3, 4]
System.out.println(Arrays.deepToString(arr2D)); // [[11, 12], [21, 22]]
```

```
String[][] str2D = new String[][]{{"aaa","bbb"},{"AAA","BBB"}};
String[][] str2D2 = new String[][]{{"aaa","bbb"},{"AAA","BBB"}};

System.out.println(Arrays.equals(str2D, str2D2));      // false
System.out.println(Arrays.deepEquals(str2D, str2D2)); // true
```

6.1 Arrays(2/3) - 배열을 다루기 편리한 메서드(static) 제공

3. 배열의 복사 – copyOf(), copyOfRange()

```
int[] arr = {0,1,2,3,4};
int[] arr2 = Arrays.copyOf(arr, arr.length); // arr2=[0,1,2,3,4]
int[] arr3 = Arrays.copyOf(arr, 3);          // arr3=[0,1,2]
int[] arr4 = Arrays.copyOf(arr, 7);          // arr4=[0,1,2,3,4,0,0]

int[] arr5 = Arrays.copyOfRange(arr, 2, 4);  // arr4=[2,3] ← 4는 포함되지 않음
int[] arr6 = Arrays.copyOfRange(arr, 0, 7);  // arr4=[0,1,2,3,4,0,0]
```

4. 배열 채우기 – fill(), setAll()

```
int[] arr = new int[5];
Arrays.fill(arr, 9);     // arr=[9,9,9,9,9]
Arrays.setAll(arr, () -> (int)(Math.random()*5)+1); // arr=[1,5,2,1,1]
```

6.1 Arrays(3/3) - 배열을 다루기 편리한 메서드(static) 제공

5. 배열을 List로 변환 – asList(Object... a)

```
List list = Arrays.asList(new Integer[]{1,2,3,4,5}); // list =[1, 2, 3, 4, 5]
List list = Arrays.asList(1,2,3,4,5);                // list =[1, 2, 3, 4, 5]
list.add(6); // UnsupportedOperationException 예외 발생. list의 크기를 변경할 수 없음.
```

```
List list = new ArrayList(Arrays.asList(1,2,3,4,5)); // 변경가능한 ArrayList생성
```

6. 배열의 정렬과 검색 – sort(), binarySearch()

```
int[] arr = { 3, 2, 0, 1, 4};            // 정렬되지 않은 배열
int idx = Arrays.binarySearch(arr, 2);   // idx=-5 ← 잘못된 결과

Arrays.sort(arr); // 배열 arr을 정렬한다.
System.out.println(Arrays.toString(arr)); // [0, 1, 2, 3, 4]
int idx = Arrays.binarySearch(arr, 2);   // idx=2 ← 올바른 결과
```

6.2 Comparator와 Comparable

▶ 객체를 정렬하는데 필요한 메서드를 정의한 인터페이스(정렬기준을 제공)

Comparable 기본 정렬기준을 구현하는데 사용.
Comparator 기본 정렬기준 외에 다른 기준으로 정렬하고자할 때 사용

```
public final class Integer extends Number implements Comparable {
    ...
    public in t compareTo(Integer anotherInteger) {
        int v1 = this.value;
        int v2 = anotherInteger.value;
        // 같으면 0, 오른쪽 값이 크면 -1, 작으면 1을 반환
        return (v1 < v2 ? -1 : (v1==v2? 0 : 1));
    }
    ...
}
```

▶ compare()와 compareTo()는 두 객체의 비교결과를 반환하도록 작성
같으면 0, 오른쪽이 크면 음수(-), 작으면 양수(+)

```
public interface Comparator {
    int compare(Object o1, Object o2); // o1, o2 두 객체를 비교
    boolean equals(Object obj); // equals를 오버라이딩하라는 뜻
}
public interface Comparable {
    int compareTo(Object o); // 주어진 객체(o)를 자신과 비교
}
```

361

6.2 Comparator와 Comparable – example

```
public static void main(String[] args) {
    Integer[] arr = { 30, 50, 10, 40, 20 };

    Arrays.sort(arr); // 기본 정렬기준(Comparable)으로 정렬
    System.out.println(Arrays.toString(arr));

    // sort(Object[] objArr, Comparator c)
    Arrays.sort(arr, new DescComp()); // DescComp에 구현된 정렬기준으로 정렬
    System.out.println(Arrays.toString(arr));
}
```

```
------- java -------
[10, 20, 30, 40, 50]
[50, 40, 30, 20, 10]
```

```
public final class Integer extends Number implements Comparable {
    ...
    public in t compareTo(Integer anotherInteger) {
        int v1 = this.value;
        int v2 = anotherInteger.value;
        // 같으면 0, 오른쪽 값이 크면 -1, 작으면 1을 반환
        return (v1 < v2 ? -1 : (v1==v2? 0 : 1));
    }
    ...
}
```

```
class DescComp implements Comparator {
    public int compare(Object o1, Object o2) {
        if(!(o1 instanceof Integer)) return -1;
        if(!(o2 instanceof Integer)) return -1;

        Integer i  = (Integer)o1;
        Integer i2 = (Integer)o2;
        return i.compareTo(i2) * -1; // 기본 정렬방식의 반대
    }
}
```

362

7.1 HashSet과 TreeSet – 순서X, 중복X

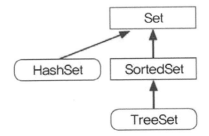

▶ HashSet

- Set인터페이스를 구현한 대표적인 컬렉션 클래스

- 순서를 유지하려면, LinkedHashSet클래스를 사용하면 된다.

▶ TreeSet

- 범위 검색과 정렬에 유리한 컬렉션 클래스

- HashSet보다 데이터 추가, 삭제에 시간이 더 걸림

7.2 HashSet – boolean add(Object o)

- HashSet은 객체를 저장하기전에 기존에 같은 객체가 있는지 확인한다.
  같은 객체가 없으면 저장하고, 있으면 저장하지 않는다.

- boolean add(Object o)는 저장할 객체의 equals()와 hashCode()를 호출
  equals()와 hashCode()가 오버라이딩 되어 있어야 함

```java
class Person {
    String name;
    int age;

    Person(String name, int age) {
        this.name = name;
        this.age = age;
    }

    public String toString() {
        return name +":"+ age;
    }
}
```

```java
public boolean equals(Object obj) {
    if(!(obj instanceof Person)) return false;

    Person tmp = (Person)obj;

    return name.equals(tmp.name) && age==tmp.age;
}

public int hashCode() {
    return (name+age).hashCode();
}
```

7.3 HashSet – hashCode()의 오버라이딩 조건

▶ 동일 객체에 대해 hashCode()를 여러 번 호출해도 동일한 값을 반환해야 한다.

```
Person2 p = new Person2("David", 10);

int hashCode1 = p.hashCode();
int hashCode2 = p.hashCode();

p.age = 20;
int hashCode3 = p.hashCode();
```

▶ equals()로 비교해서 true를 얻은 두 객체의 hashCode()값은 일치해야 한다.

```
Person2 p1 = new Person2("David", 10);
Person2 p2 = new Person2("David", 10);

boolean b = p1.equals(p2);

int hashCode1 = p1.hashCode();
int hashCode2 = p2.hashCode();
```

※ equals()로 비교한 결과가 false인 두 객체의 hashCode()값이 같을 수도 있다.
　그러나 성능 향상을 위해 가능하면 서로 다른 값을 반환하도록 작성하자.

7.4 TreeSet – 범위 검색과 정렬에 유리

- 범위 검색과 정렬에 유리한 이진 검색 트리(binary search tree)로 구현
  링크드 리스트처럼 각 요소(node)가 나무(tree)형태로 연결된 구조

- 이진 트리는 모든 노드가 최대 두 개의 하위 노드를 갖음(부모-자식관계)

- 이진 검색 트리는 부모보다 작은 값을 왼쪽에, 큰 값은 오른쪽에 저장

- HashSet보다 데이터 추가, 삭제에 시간이 더 걸림(반복적인 비교 후 저장)

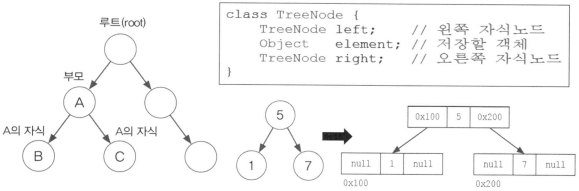

```
class TreeNode {
    TreeNode left;      // 왼쪽 자식노드
    Object   element;   // 저장할 객체
    TreeNode right;     // 오른쪽 자식노드
}
```

7.5 TreeSet – 데이터 저장과정 boolean add(Object o)

※ TreeSet에 7,4,9,1,5의 순서로 데이터를 저장하면, 아래의 과정을 거친다.
(루트부터 트리를 따라 내려가며 값을 비교. 작으면 왼쪽, 크면 오른쪽에 저장)

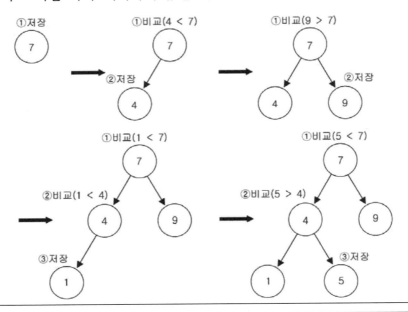

7.6 TreeSet – 주요 생성자와 메서드

생성자 또는 메서드	설 명
TreeSet( )	기본 생성자
TreeSet(Collection c)	주어진 컬렉션을 저장하는 TreeSet을 생성
TreeSet(Comparator comp)	주어진 정렬기준으로 정렬하는 TreeSet을 생성
Object first( )	정렬된 순서에서 첫 번째 객체를 반환한다.
Object last( )	정렬된 순서에서 마지막 객체를 반환한다.
Object ceiling(Object o)	지정된 객체와 같은 객체를 반환. 없으면 큰 값을 가진 객체 중 제일 가까운 값의 객체를 반환. 없으면 null
Object floor(Object o)	지정된 객체와 같은 객체를 반환. 없으면 작은 값을 가진 객체 중 제일 가까운 값의 객체를 반환. 없으면 null
Object higher(Object o)	지정된 객체보다 큰 값을 가진 객체 중 제일 가까운 값의 객체를 반환. 없으면 null
Object lower(Object o)	지정된 객체보다 작은 값을 가진 객체 중 제일 가까운 값의 객체를 반환. 없으면 null
SortedSet subSet(Object fromElement, Object toElement)	범위 검색(fromElement와 toElement사이)의 결과를 반환한다.(끝 범위인 toElement는 범위에 포함되지 않음)
SortedSet headSet(Object toElement)	지정된 객체보다 작은 값의 객체들을 반환한다.
SortedSet tailSet(Object fromElement)	지정된 객체보다 큰 값의 객체들을 반환한다.

7.7 TreeSet – 범위 검색 subSet(), headSet(), tailSet()

메서드	설 명
SortedSet subSet(Object fromElement, Object toElement)	범위 검색(fromElement와 toElement사이)의 결과를 반환한다.(끝 범위인 toElement는 범위에 포함되지 않음)
SortedSet headSet(Object toElement)	지정된 객체보다 작은 값의 객체들을 반환한다.
SortedSet tailSet(Object fromElement)	지정된 객체보다 큰 값의 객체들을 반환한다.

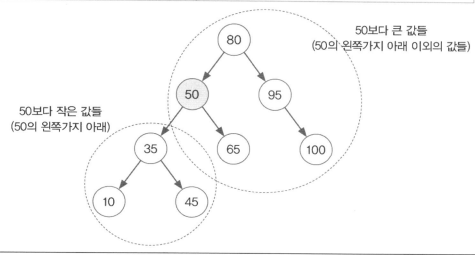

7.8 TreeSet – 트리 순회(전위, 중위, 후위)

- 이진 트리의 모든 노드를 한번씩 읽는 것을 트리 순회라고 한다.
- 전위, 중위 후위 순회법이 있으며, 중위 순회하면 오름차순으로 정렬된다.

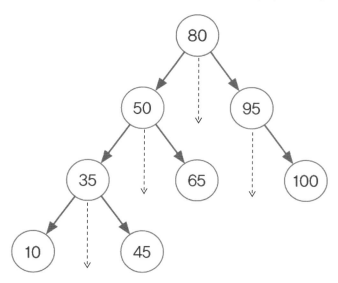

8.1 HashMap과 TreeMap – 순서X, 중복(키X,값O)

- Map인터페이스를 구현. 데이터를 키와 값의 쌍으로 저장
- HashMap(동기화X)은 Hashtable(동기화O)의 신버젼

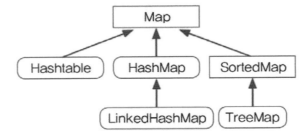

▶ HashMap
  - Map인터페이스를 구현한 대표적인 컬렉션 클래스
  - 순서를 유지하려면, LinkedHashMap클래스를 사용하면 된다.

▶ TreeMap
  - 범위 검색과 정렬에 유리한 컬렉션 클래스
  - HashMap보다 데이터 추가, 삭제에 시간이 더 걸림

8.2 HashMap

- 해싱(hashing)기법으로 데이터를 저장. 데이터가 많아도 검색이 빠르다.
- Map인터페이스를 구현. 데이터를 키와 값의 쌍으로 저장

```
HashMap map = new HashMap();
map.put("myId", "1234");
map.put("asdf", "1111");
map.put("asdf", "1234");
```

키(key) 컬렉션 내의 키(key) 중에서 유일해야 한다.
값(value) 키(key)와 달리 데이터의 중복을 허용한다.

키(key)	값(value)
myId	1234
asdf	1234

```
public class HashMap extends AbstractMap
                implements Map, Cloneable,Serializable {
    transient Entry[] table;
    ...
    static class Entry implements Map.Entry {
        final Object key;
        Object value;
        ...
    }
}
```

비객체지향적인 코드	객체지향적인 코드

Object[] key;
Object[] value;
	Entry[] table;
	class Entry {
	    Object key;
	    Object value;
	}

8.2 HashMap – 주요 메서드

키(key)	값(value)
myld	1234
asdf	1234

생성자 / 메서드	설명
HashMap( )	HashMap객체를 생성
HashMap(int initialCapacity)	지정된 값을 초기용량으로 하는 HashMap객체를 생성
HashMap(int initialCapacity, float loadFactor)	지정된 초기용량과 load factor의 HashMap객체를 생성
HashMap(Map m)	지정된 Map의 모든 요소를 포함하는 HashMap을 생성
Object put(Object key, Object value)	지정된 키와 값을 HashMap에 저장
void putAll(Map m)	Map에 저장된 모든 요소를 HashMap에 저장
Object remove(Object key)	HashMap에서 지정된 키로 저장된 값(객체)를 제거
Object replace(Object key, Object value)	지정된 키의 값을 지정된 객체(value)로 대체
boolean replace(Object key, Object oldVal, Object newVal)	지정된 키와 객체(oldVal)가 모두 일치하는 경우에만 새로운 객체(newVal)로 대체
boolean containsKey(Object key)	HashMap에 지정된 키(key)가 포함되어있는지 알려준다.(포함되어 있으면 true)
boolean containsValue(Object value)	HashMap에 지정된 값(value)가 포함되어있는지 알려준다.(포함되어 있으면 true)
Object get(Object key)	지정된 키(key)의 값(객체)을 반환. 못찾으면 null 반환
Object getOrDefalt(Object key, Object defaultValue)	지정된 키(key)의 값(객체)을 반환한다. 키를 못찾으면, 기본값(defaultValue)로 지정된 객체를 반환
Set entrySet( )	HashMap에 저장된 키와 값을 엔트리(키와 값의 결합)의 형태로 Set에 저장해서 반환
Set keySet( )	HashMap에 저장된 모든 키가 저장된 Set을 반환
Collection values( )	HashMap에 저장된 모든 값을 컬렉션의 형태로 반환
void clear( )	HashMap에 저장된 모든 객체를 제거
boolean isEmpty( )	HashMap이 비어있는지 알려준다.
int size( )	HashMap에 저장된 요소의 개수를 반환

8.3 해싱(hashing) – (1/3)

- 해시함수(hash function)로 해시테이블(hash table)에 데이터를 저장, 검색

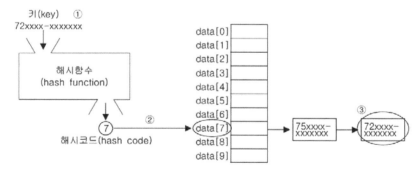

- 해시테이블은 배열과 링크드 리스트가 조합된 형태

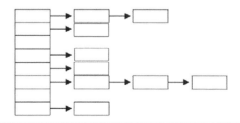

8.3 해싱(hashing) – (3/3)

▶ 해시테이블에 저장된 데이터를 가져오는 과정

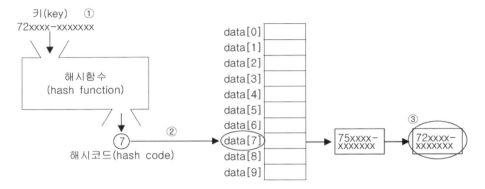

① 키로 해시함수를 호출해서 해시코드를 얻는다.

② 해시코드(해시함수의 반환값)에 대응하는 링크드리스트를 배열에서 찾는다.

③ 링크드리스트에서 키와 일치하는 데이터를 찾는다.

  ※ 해시함수는 같은 키에 대해 항상 같은 해시코드를 반환해야 한다.

    서로 다른 키일지라도 같은 값의 해시코드를 반환할 수도 있다.

8.3 해싱(hashing) – (2/3) 환자정보관리

8.3 해싱(hashing) – (2/3) 환자정보관리

8.3 해싱(hashing) – (2/3) 환자정보관리

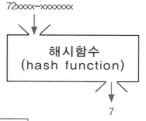

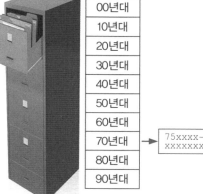

8.4 TreeMap

- 이진 검색 트리의 구조로 키와 값의 쌍으로 이루어진 데이터를 저장
- TreeSet처럼, 데이터를 정렬(키)해서 저장하기 때문에 저장시간이 길다. (TreeSet은 TreeMap을 이용해서 구현되어 있음)
- 다수의 데이터에서 개별적인 검색은 TreeMap보다 HashMap이 빠르다.
- Map이 필요할 때 주로 HashMap을 사용하고, 정렬이나 범위검색이 필요한 경우에 TreeMap을 사용

9.1 Properties

- 내부적으로 Hashtable을 사용하며, key와 value를 (String, String)로 저장
- 주로 어플리케이션의 환경설정에 관련된 속성을 저장하는데 사용되며 파일로부터 편리하게 값을 읽고 쓸 수 있는 메서드를 제공한다.

메서드	설명
Properties()	Properties()객체를 생성한다.
Properties(Properties defaults)	지정된 Properties에 저장된 목록을 가진Properties()객체를 생성한다.
String getProperty(String key)	지정된 키(key)의 값(value)을 반환한다.
String getProperty(String key, String defaultValue)	지정된 키(key)의 값(value)을 반환한다. 키를 못찾으면 defaultValue를 반환한다.
void list(PrintStream out)	지정된 PrintStream에 저장된 목록을 출력한다.
void list(PrintWriter out)	지정된 PrintWriter에 저장된 목록을 출력한다.
void load(InputStream inStream)	지정된 InputStream으로부터 목록을 읽어서 저장한다.
void loadFromXML(InputStream in) *	지정된 InputStream으로부터 XML문서를 읽어서, XML문서에 저장된 목록을 읽어다 담는다.(load & store)
Enumeration propertyNames()	목록의 모든 키(key)가 담긴 Enumeration을 반환한다.
void save(OutputStream out, String header)	deprecated되었으므로 store()를 사용하자.
Object setProperty(String key, String value)	지정된 키와 값을 저장한다. 이미 존재하는 키(key)면 새로운 값(value)로 바뀐다.
void store(OutputStream out, String header)	저장된 목록을 지정된 출력스트림에 출력(저장)한다. header는 목록에 대한 설명(주석)으로 저장된다.
void storeToXML(OutputStream os, String comment)*	저장된 목록을 지정된 출력스트림에 XML문서로 출력(저장)한다. comment는 목록에 대한 설명(주석)으로 저장된다.
void storeToXML(OutputStream os, String comment, String encoding) *	저장된 목록을 지정된 출력스트림에 해당 인코딩의 XML문서로 출력(저장)한다. comment는 목록에 대한 설명(주석)으로 저장된다.

9.2 Properties – 예제(example)

```java
import java.util.*;
import java.io.*;

class PropertiesEx3
{
    public static void main(String[] args)
    {
        Properties prop = new Properties();

        prop.setProperty("timeout","30");
        prop.setProperty("language","한글");
        prop.setProperty("size","10");
        prop.setProperty("capacity","10");

        try {
            prop.store(new FileOutputStream("output.txt"), "Properties Example");
            prop.storeToXML(new FileOutputStream("output.xml"), "Properties Example");
        } catch(IOException e) {
            e.printStackTrace();
        }
    }
}
```

[output.txt]

```
#Properties Example
#Sat Aug 29 10:58:41 KST 2009
capacity=10
size=10
timeout=30
language=\uD55C\uAE00
```

[output.xml]

```
<?xml version="1.0" encoding="UTF-8"?>
<!DOCTYPE properties SYSTEM "http://java.sun.com/dtd/properties.dtd">
<properties>
<comment>Properties Example</comment>
<entry key="capacity">10</entry>
<entry key="size">10</entry>
<entry key="timeout">30</entry>
<entry key="language">한글</entry>
</properties>
```

9.3 Collections(1/2) - 컬렉션을 위한 메서드(static)를 제공

1. 컬렉션 채우기, 복사, 정렬, 검색 – fill(), copy(), sort(), binarySearch() 등

2. 컬렉션의 동기화 – synchronizedXXX()

```
static Collection synchronizedCollection(Collection c)
static List       synchronizedList(List list)
static Set        synchronizedSet(Set s)
static Map        synchronizedMap(Map m)
static SortedSet  synchronizedSortedSet(SortedSet s)
static SortedMap  synchronizedSortedMap(SortedMap m)
```

```
List syncList = Collections.synchronizedList(new ArrayList(...));
```

3. 변경불가(readOnly) 컬렉션 만들기 – unmodifiableXXX()

```
static Collection   unmodifiableCollection(Collection c)
static List         unmodifiableList(List list)
static Set          unmodifiableSet(Set s)
static Map          unmodifiableMap(Map m)
static NavigableSet unmodifiableNavigableSet(NavigableSet s)
static SortedSet    unmodifiableSortedSet(SortedSet s)
static NavigableMap unmodifiableNavigableMap(NavigableMap m)
static SortedMap    unmodifiableSortedMap(SortedMap m)
```

9.3 Collections(2/2) – 컬렉션을 위한 메서드(static)를 제공

4. 싱글톤 컬렉션 만들기 – singletonXXX()

```
static  List  singletonList(Object o)
static  Set   singleton(Object o)        // singletonSet이 아님
static  Map   singletonMap(Object key, Object value)
```

5. 한 종류의 객체만 저장하는 컬렉션 만들기 – checkedXXX()

```
static  Collection     checkedCollection(Collection c, Class type)
static  List           checkedList(List list, Class type)
static  Set            checkedSet(Set s, Class type)
static  Map            checkedMap(Map m, Class keyType, Class valueType)
static  Queue          checkedQueue(Queue queue, Class type)
static  NavigableSet   checkedNavigableSet(NavigableSet s, Class type)
static  SortedSet      checkedSortedSet(SortedSet s, Class type)
static  NavigableMap   checkedNavigableMap(NavigableMap m, Class keyType, Class valueType)
static  SortedMap      checkedSortedMap(SortedMap m, Class keyType, Class valueType)
```

```
List list = new ArrayList();
List checkedList = checkedList(list, String.class); // String만 저장가능
checkedList.add("abc");                  // OK.
checkedList.add(new Integer(3));         // 에러. ClassCastException발생
```

9.4 컬렉션 클래스 정리 & 요약 (1/2)

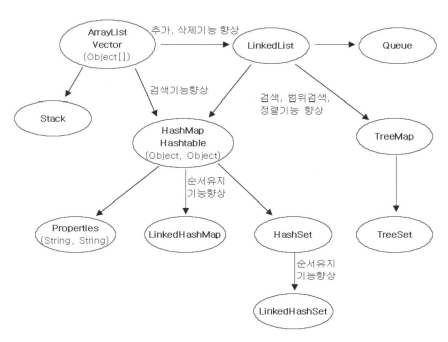

9.4 컬렉션 클래스 정리 & 요약 (2/2)

컬렉션	특 징
ArrayList	배열기반. 데이터의 추가와 삭제에 불리. 순차적인 추가/삭제는 제일 빠름. 임의의 요소에 대한 접근성(accessibility)이 뛰어남.
LinkedList	연결기반. 데이터의 추가와 삭제에 유리. 임의의 요소에 대한 접근성이 좋지 않다.
HashMap	배열과 연결이 결합된 형태. 추가, 삭제, 검색, 접근성이 모두 뛰어남. 검색에는 최고성능을 보인다.
TreeMap	연결기반. 정렬과 검색(특히 범위검색)에 적합. 검색성능은 HashMap보다 떨어짐.
Stack	Vector를 상속받아 구현(LIFO)
Queue	LinkedList가 Queue인터페이스를 구현(FIFO)
Properties	Hashtable을 상속받아 구현(String, String)
HashSet	HashMap을 이용해서 구현
TreeSet	TreeMap을 이용해서 구현
LinkedHashMap LinkedHashSet	HashMap과 HashSet에 저장순서유지기능을 추가하였음.

= Memo =

Java의 정석

제 12 장

지네릭스, 열거형, 애너테이션

---

1. 지네릭스(Generics)

1.1 지네릭스(Generics)란?

- 컴파일시 타입을 체크해 주는 기능(compile-time type check) – JDK1.5
- 객체의 타입 안정성을 높이고 형변환의 번거로움을 줄여줌
  (하나의 컬렉션에는 대부분 한 종류의 객체만 저장)

> **지네릭스의 장점**
> 1. 타입 안정성을 제공한다.
> 2. 타입체크와 형변환을 생략할 수 있으므로 코드가 간결해 진다.

1.2 지네릭 클래스의 선언

- 클래스를 작성할 때, Object타입 대신 T와 같은 타입변수를 사용

```
class Box {
    Object item;

    void setItem(Object item) { this.item = item; }
    Object getItem() { return item; }
}
```

```
class Box<T> { // 지네릭 타입 T를 선언
    T item;

    void setItem(T item) { this.item = item; }
    T getItem() { return item; }
}
```

- **참조변수, 생성자에 T대신 실제 타입을 지정하면 형변환 생략가능**

```
Box<String> b = new Box<String>();   // 타입 T 대신, 실제 타입을 지정
b.setItem(new Object());             // 에러. String이외의 타입은 지정불가
b.setItem("ABC");                    // OK. String타입이므로 가능
String item = (String) b.getItem();  // 형변환이 필요없음
```

1.3 지네릭스의 용어

Box⟨T⟩	지네릭 클래스. 'T의 Box' 또는 'T Box'라고 읽는다.
T	타입 변수 또는 타입 매개변수.(T는 타입 문자)
Box	원시 타입(raw type)

원시타입

class Box<T> {}

지네릭 클래스

대입된 타입(매개변수화된 타입, parameterized type)

Box<String> b = new Box<String>();

지네릭 타입 호출

1.4 지네릭스의 제약사항

- static멤버에는 타입 변수 T를 사용할 수 없다.

```
class Box<T> {
    static T item; // 에러
    static int compare(T t1, T t2) { ... } // 에러
        ...
}
```

- 지네릭 타입의 배열 T[]를 생성하는 것은 허용되지 않는다.

```
class Box<T> {
    T[] itemArr;  // OK. T타입의 배열을 위한 참조변수
        ...
    T[] toArray() {
        T[] tmpArr = new T[itemArr.length]; // 에러. 지네릭 배열 생성불가
        ...
        return tmpArr;
    }
        ...
}
```

1.5 지네릭 클래스의 객체 생성과 사용

- 지네릭 클래스 Box<T>의 선언

```
class Box<T> {
    ArrayList<T> list = new ArrayList<T>();

    void add(T item)               { list.add(item);         }
    T get(int i)                   { return list.get(i);     }
    ArrayList<T> getList()         { return list;            }
    int size()                     { return list.size();     }
    public String toString()       { return list.toString(); }
}
```

- Box<T>의 객체 생성. 참조변수와 생성자에 대입된 타입이 일치해야 함

```
Box<Apple> appleBox = new Box<Apple>(); // OK
Box<Apple> appleBox = new Box<Grape>(); // 에러  대입된 타입이 다르다.
Box<Fruit> appleBox = new Box<Apple>(); // 에러. 대입된 타입이 다르다.
```

- 두 지네릭 클래스가 상속관계이고, 대입된 타입이 일치하는 것은 OK

```
Box<Apple> appleBox = new FruitBox<Apple>(); // OK. 다형성
Box<Apple> appleBox = new Box<>();       // OK. JDK1.7부터 생략가능
```

- 대입된 타입과 다른 타입의 객체는 추가할 수 없다.

```
Box<Apple> appleBox = new Box<Apple>();
appleBox.add(new Apple()); // OK.
appleBox.add(new Grape()); // 에러. Box<Apple>에는 Apple객체만 추가가능
```

1.6 제한된 지네릭 클래스

- 지네릭 타입에 'extends'를 사용하면, 특정 타입의 자손들만 대입할 수
있게 제한할 수 있다.

```
class FruitBox<T extends Fruit> {  // Fruit의 자손만 타입으로 지정가능
    ArrayList<T> list = new ArrayList<T>();
    void add(T item)               { list.add(item);         }
    ...
}
```

- add()의 매개변수의 타입 T도 Fruit와 그 자손 타입이 될 수 있다.

```
FruitBox<Fruit> fruitBox = new FruitBox<Fruit>();
fruitBox.add(new Apple());  // OK. Apple이 Fruit의 자손
fruitBox.add(new Grape());  // OK. Grape가 Fruit의 자손
```

- 인터페이스의 경우에도 'implements'가 아닌, 'extends'를 사용

```
interface Eatable {}
class FruitBox<T extends Eatable> { ... }
class FruitBox<T extends Fruit & Eatable> { ... }
```

1.7 와일드 카드 '?'

- 지네릭 타입에 와일드 카드를 쓰면, 여러 타입을 대입가능

  단, 와일드 카드에는 <? extends T & E>와 같이 '&'를 사용불가

〈? extends T〉	와일드 카드의 상한 제한. T와 그 자손들만 가능
〈? super T〉	와일드 카드의 하한 제한. T와 그 조상들만 가능
〈?〉	제한 없음. 모든 타입이 가능. 〈? extends Object〉와 동일

```java
static Juice makeJuice(FruitBox<? extends Fruit> box) {
    String tmp = "";
    for(Fruit f : box.getList()) tmp += f + " ";
    return new Juice(tmp);
}
```

- makeJuice()의 매개변수로 FruitBox<Apple>, FruitBox<Grape> 가능

```java
FruitBox<Fruit> fruitBox = new FruitBox<Fruit>();
FruitBox<Apple> appleBox = new FruitBox<Apple>();
    ...
System.out.println(Juicer.makeJuice(fruitBox)); // OK. FruitBox<Fruit>
System.out.println(Juicer.makeJuice(appleBox)); // OK. FruitBox<Apple>
```

1.6 지네릭 메서드

- **반환타입 앞에 지네릭 타입이 선언된 메서드**

```java
static <T> void sort(List<T> list, Comparator<? super T> c)
```

- **클래스의 타입 매개변수<T>와 메서드의 타입 매개변수 <T>는 별개**

```java
class FruitBox<T> {
    ...
    static <T> void sort(List<T> list, Comparator<? super T> c) {
        ...
    }
}
```

- **지네릭 메서드를 호출할 때, 타입 변수에 타입을 대입해야 한다.**

  (대부분의 경우, 추정이 가능하므로 생략할 수 있음.)

```java
FruitBox<Fruit> fruitBox = new FruitBox<Fruit>();
FruitBox<Apple> appleBox = new FruitBox<Apple>();
    ...
System.out.println(Juicer.<Fruit>makeJuice(fruitBox));
System.out.println(Juicer.makeJuice(appleBox)); // 대입된 타입 생략가능
```

1.7 지네릭 타입의 형변환

- 지네릭 타입과 원시 타입간의 형변환은 불가능

```
Box          box    = null;
Box<Object> objBox = null;

box    = (Box)objBox;        // OK. 지네릭 타입  → 원시 타입. 경고 발생
objBox = (Box<Object>)box; // OK. 원시 타입    → 지네릭 타입. 경고 발생
```

- 와일드 카드가 사용된 지네릭 타입으로는 형변환 가능

```
Box<? extends Object> wBox = new Box<String>();

FruitBox<? extends Fruit> box = null;
FruitBox<Apple> appleBox = (FruitBox<Apple>)box; // OK. 미확인 타입으로 형변환 경고
```

- <? extends Object>를 줄여서 <?>로 쓸 수 있다.

```
Optional<?> EMPTY = new Optional<?>();      // 에러. 미확인 타입의 객체는 생성불가
Optional<?> EMPTY = new Optional<Object>(); // OK.
Optional<?> EMPTY = new Optional<>();        // OK. 위의 문장과 동일
```

[주의] class Box<T extends Fruit>의 경우 Box<?> b = new Box<>;는 Box<?> b = new Box<Fruit>;이다.

1.8 지네릭 타입의 제거

- 컴파일러는 지네릭 타입을 제거하고, 필요한 곳에 형변환을 넣는다.

① 지네릭 타입의 경계(bound)를 제거

```
T get(int i) {                        Fruit get(int i) {
    return list.get(i);                   return (Fruit)list.get(i);
}                                     }
```

② 지네릭 타입 제거 후에 타입이 불일치하면, 형변환을 추가

```
T get(int i) {                        Fruit get(int i) {
return list.get(i);                   return (Fruit)list.get(i);
}                                     }
```

③ 와일드 카드가 포함된 경우, 적절한 타입으로 형변환 추가

```
static Juice makeJuice(FruitBox<? extends Fruit> box) {
    String tmp = "";
    for(Fruit f : box.getList()) tmp += f + " ";
    return new Juice(tmp);
}
```

```
static Juice makeJuice(FruitBox box) {
    String tmp = "";
    Iterator it = box.getList().iterator();
    while(it.hasNext()) {
        tmp += (Fruit)it.next() + " ";
    }
    return new Juice(tmp);
}
```

2. 열거형(enums)

2.1 열거형이란?

- 관련된 상수들을 같이 묶어 놓은 것. Java는 타입에 안전한 열거형을 제공

```java
class Card {
    static final int CLOVER = 0;
    static final int HEART = 1;
    static final int DIAMOND = 2;
    static final int SPADE = 3;

    static final int TWO = 0;
    static final int THREE = 1;
    static final int FOUR = 2;

    final int kind;
    final int num;
}
```

```java
class Card {
    enum Kind    { CLOVER, HEART, DIAMOND, SPADE }   // 열거형 Kind를 정의
    enum Value   { TWO, THREE, FOUR }                // 열거형 Value를 정의

    final Kind  kind;    // 타입이 int가 아닌 Kind임에 유의하자.
    final Value value;
}
```

2.2 열거형의 정의와 사용

- 열거형을 정의하는 방법

  ```
  enum 열거형이름 { 상수명1, 상수명2, ... }
  ```

- 열거형 타입의 변수를 선언하고 사용하는 방법

  ```
  enum Direction { EAST, SOUTH, WEST, NORTH }

  class Unit {
      int x, y;      // 유닛의 위치
          Direction dir;        // 열거형을 인스턴스 변수로 선언

      void init() {
          dir = Direction.EAST;  // 유닛의 방향을 EAST로 초기화
      }
  }
  ```

- 열거형 상수의 비교에 ==와 compareTo() 사용가능

  ```
  if(dir==Direction.EAST) {
      x++;
  } else if (dir > Direction.WEST) { // 에러. 열거형 상수에 비교연산자 사용불가
      ...
  } else if (dir.compareTo(Direction.WEST)>0) { // compareTo()는 가능
      ...
  }
  ```

2.3 모든 열거형의 조상 – java.lang.Enum

- 모든 열거형은 Enum의 자손이며, 아래의 메서드를 상속받는다.

메서드	설명
Class⟨E⟩ getDeclaringClass( )	열거형의 Class객체를 반환한다.
String name( )	열거형 상수의 이름을 문자열로 반환한다.
int ordinal( )	열거형 상수가 정의된 순서를 반환한다.(0부터 시작)
T valueOf(Class⟨T⟩ enumType, String name)	지정된 열거형에서 name과 일치하는 열거형 상수를 반환한다.

- 컴파일러가 자동적으로 추가해 주는 메서드도 있다.

  ```
  static E values()
  static E valueOf(String name)

  Direction d = Direction.valueOf("WEST");
  ```

2.4 열거형에 멤버 추가하기

- 불연속적인 열거형 상수의 경우, 원하는 값을 괄호()안에 적는다.

```
enum Direction { EAST(1), SOUTH(5), WEST(-1), NORTH(10) }
```

- 괄호()를 사용하려면, 인스턴스 변수와 생성자를 새로 추가해 줘야 한다.

```
enum Direction {
    EAST(1), SOUTH(5), WEST(-1), NORTH(10);    // 끝에 ';'를 추가해야 한다.

    private final int value;   // 정수를 저장할 필드(인스턴스 변수)를 추가
    Direction(int value) { this.value = value; } // 생성자를 추가

    public int getValue() { return value; }
}
```

- 열거형의 생성자는 묵시적으로 private이므로, 외부에서 객체생성 불가

```
Direction d = new Direction(1); // 에러. 열거형의 생성자는 외부에서 호출불가
```

2.4 열거형의 이해

- 열거형 Direction이 아래와 같이 선언되어 있을 때,

```
enum Direction { EAST, SOUTH, WEST, NORTH }
```

- 열거형 Direction은 아래와 같은 클래스로 선언된 것과 유사하다.

```
class Direction {
    static final Direction EAST  = new Direction("EAST");
    static final Direction SOUTH = new Direction("SOUTH");
    static final Direction WEST  = new Direction("WEST");
    static final Direction NORTH = new Direction("NORTH");

    private String name;

    private Direction(String name) {
        this.name = name;
    }
}
```

http://www.codechobo.com

3. 애너테이션(Annotation)

---

http://www.codechobo.com

3.1 애너테이션이란?

- 주석처럼 프로그래밍 언어에 영향을 미치지 않으며, 유용한 정보를 제공

```
/**
 * The common interface extended by all annotation types.  Note that an
 * interface that manually extends this one does <i>not</i> define
 * an annotation type.  Also note that this interface does not itself
 * define an annotation type.
 *   ...
 * The {@link java.lang.reflect.AnnotatedElement} interface discusses
 * compatibility concerns when evolving an annotation type from being
 * non-repeatable to being repeatable.
 *
 * @author   Josh Bloch
 * @since    1.5
 */
public interface Annotation {
    ...
```

- 애너테이션의 사용예

```
@Test    // 이 메서드가 테스트 대상임을 테스트 프로그램에게 알린다.
public void method() {
        ...
}
```

3.2 표준 애너테이션

- Java에서 제공하는 애너테이션

애너테이션	설명
@Override	컴파일러에게 오버라이딩하는 메서드라는 것을 알린다.
@Deprecated	앞으로 사용하지 않을 것을 권장하는 대상에 붙인다.
@SuppressWarnings	컴파일러의 특정 경고메시지가 나타나지 않게 해준다.
@SafeVarargs	지네릭스 타입의 가변인자에 사용한다.(JDK1.7)
@FunctionalInterface	함수형 인터페이스라는 것을 알린다.(JDK1.8)
@Native	native메서드에서 참조되는 상수 앞에 붙인다.(JDK1.8)
@Target*	애너테이션이 적용가능한 대상을 지정하는데 사용한다.
@Documented*	애너테이션 정보가 javadoc으로 작성된 문서에 포함되게 한다.
@Inherited*	애너테이션이 자손 클래스에 상속되도록 한다.
@Retention*	애너테이션이 유지되는 범위를 지정하는데 사용한다.
@Repeatable*	애너테이션을 반복해서 적용할 수 있게 한다.(JDK1.8)

▲ 표12-2 자바에서 기본적으로 제공하는 표준 애너테이션(*가 붙은 것은 메타 애너테이션)

3.2 표준 애너테이션 - @Override

- 오버라이딩을 올바르게 했는지 컴파일러가 체크하게 한다.
- 오버라이딩할 때 메서드이름을 잘못적는 실수를 하는 경우가 많다.

```
class Parent {
    void parentMethod() { }
}

class Child extends Parent {
    void parentmethod() { } // 오버라이딩하려 했으나 실수로 이름을 잘못적음
}
```

- 오버라이딩할 때는 메서드 선언부 앞에 @Override를 붙이자.

```
class Child extends Parent {
    void parentmethod(){}
}
```

```
class Child extends Parent {
    @Override
    void parentmethod() {}
}
```

▼ 컴파일 결과

```
AnnotationEx1.java:6: error: method does not override or implement a method
from a supertype
        @Override
        ^
1 error
```

3.2 표준 애너테이션 - @Deprecated

- 앞으로 사용하지 않을 것을 권장하는 필드나 메서드에 붙인다.
- @Deprecated의 사용 예, Date클래스의 getDate()

```
int                        getDate()
                           Deprecated.
                           As of JDK version 1.1, replaced by
                           Calendar.get(Calendar.DAY_OF_MONTH).

@Deprecated
public int getDate() {
    return normalize().getDayOfMonth();
}
```

- @Deprecated가 붙은 대상이 사용된 코드를 컴파일하면 나타나는 메시지

```
Note: AnnotationEx2.java uses or overrides a deprecated API.
Note: Recompile with -Xlint:deprecation for details.
```

3.2 표준 애너테이션 - @FunctionalInterface

- 함수형 인터페이스에 붙이면, 컴파일러가 올바르게 작성했는지 체크
  함수형 인터페이스에는 하나의 추상메서드만 가져야 한다는 제약이 있음

```
@FunctionalInterface
public interface Runnable {
    public abstract void run(); // 추상 메서드
}
```

3.2 표준 애너테이션 - @SuppressWarnings

- 컴파일러의 경고메시지가 나타나지 않게 억제한다.
- 괄호()안에 억제하고자하는 경고의 종류를 문자열로 지정

```
@SuppressWarnings("unchecked")        // 지네릭스와 관련된 경고를 억제
ArrayList list = new ArrayList();     // 지네릭 타입을 지정하지 않았음.
list.add(obj);                        // 여기서 경고가 발생
```

- 둘 이상의 경고를 동시에 억제하려면 다음과 같이 한다.

```
@SuppressWarnings({"deprecation", "unchecked", "varargs"})
```

- '-Xlint'옵션으로 컴파일하면, 경고메시지를 확인할 수 있다.
  괄호[]안이 경고의 종류. 아래의 경우 rawtypes

```
C:\jdk1.8\work\ch12>javac -Xlint AnnotationTest.java
AnnotationTest.java:15: warning: [rawtypes] found raw type: List
    public static void sort(List list) {
                            ^
  missing type arguments for generic class List<E>
  where E is a type-variable:
    E extends Object declared in interface List
```

3.2 표준 애너테이션 - @SafeVarargs

- 가변인자의 타입이 non-reifiable인 경우 발생하는 unchecked경고를 억제
- 생성자 또는 static이나 final이 붙은 메서드에만 붙일 수 있다.
  (오버라이딩이 가능한 메서드에 사용불가)
- @SafeVarargs에 의한 경고의 억제를 위해 @SuppressWarnings를 사용

```
@SafeVarargs                         // 'unchecked'경고를 억제한다.
@SuppressWarnings("varargs") // 'varargs'경고를 억제한다.
public static <T> List<T> asList(T... a) {
    return new ArrayList<>(a);
}
```

3.3 메타 애너테이션 - @Target

- 메타 애너테이션은 '애너테이션을 위한 애너테이션'
- 애너테이션을 정의할 때, 적용대상이나 유지기간의 지정에 사용
- @Target은 애너테이션을 적용할 수 있는 대상의 지정에 사용

```
@Target({TYPE, FIELD, METHOD, PARAMETER,CONSTRUCTOR, LOCAL_VARIABLE})
@Retention(RetentionPolicy.SOURCE)
public @interface SuppressWarnings {
    String[] value();
}
```

대상 타입	의미
ANNOTATION_TYPE	애너테이션
CONSTRUCTOR	생성자
FIELD	필드(멤버변수, enum상수)
LOCAL_VARIABLE	지역변수
METHOD	메서드
PACKAGE	패키지
PARAMETER	매개변수
TYPE	타입(클래스, 인터페이스, enum)
TYPE_PARAMETER	타입 매개변수(JDK1.8)
TYPE_USE	타입이 사용되는 모든 곳(JDK1.8)

3.3 메타 애너테이션 - @Retention

- 애너테이션이 유지(retention)되는 기간을 지정하는데 사용

유지 정책	의미
SOURCE	소스 파일에만 존재. 클래스파일에는 존재하지 않음.
CLASS	클래스 파일에 존재. 실행시에 사용불가. 기본값
RUNTIME	클래스 파일에 존재. 실행시에 사용가능.

▲ 표12-4 애너테이션 유지정책(retention policy)의 종류

- 컴파일러에 의해 사용되는 애너테이션의 유지 정책은 SOURCE이다.

```
@Target(ElementType.METHOD)
@Retention(RetentionPolicy.SOURCE)
public @interface Override {}
```

- 실행시에 사용 가능한 애너테이션의 정책은 RUNTIME이다.

```
@Documented
@Retention(RetentionPolicy.RUNTIME)
@Target(ElementType.TYPE)
public @interface FunctionalInterface {}
```

3.3 메타 애너테이션 - @Documented, @Inherited

- javadoc으로 작성한 문서에 포함시키려면 @Documented를 붙인다.

```
@Documented
@Retention(RetentionPolicy.RUNTIME)
@Target(ElementType.TYPE)
public @interface FunctionalInterface {}
```

- 애너테이션을 자손 클래스에 상속하고자 할 때, @Inherited를 붙인다.

```
@Inherited   // @SupperAnno가 자손까지 영향 미치게
@interface SupperAnno {}

@SuperAnno
class Parent {}

class Child extends Parent {}   // Child에 애너테이션이 붙은 것으로 인식
```

3.3 메타 애너테이션 - @Repeatable

- 반복해서 붙일 수 있는 애너테이션을 정의할 때 사용

```
@Repeatable(ToDos.class) // ToDo애너테이션을 여러 번 반복해서 쓸 수 있게 한다.
@interface ToDo {
    String value();
}
```

- @Repeatable이 붙은 애너테이션은 반복해서 붙일 수 있다.

```
@ToDo("delete test codes.")
@ToDo("override inherited methods")
class MyClass {
    ...
}
```

3.3 메타 애너테이션 - @Native

- native메서드에 의해 참조되는 상수에 붙이는 애너테이션

```
@Native public static final long MIN_VALUE = 0x8000000000000000L;
```

- native메서드에 JVM이 설치된 OS의 메서드이다.

```
public class Object {
    private static native void registerNatives();  // 네이티브 메서드

    static {
        registerNatives(); // 네이티브 메서드를 호출
    }

    protected native Object clone() throws CloneNotSupportedException;
    public final native Class<?> getClass();
    public final native void notify();
    public final native void notifyAll();
    public final native void wait(long timeout) throws InterruptedException;
    public native int hashCode();
        ...
}
```

3.4 애너테이션 타입 정의하기

- 애너테이션을 직접 만들어 쓸 수 있다.

```
@interface 애너테이션이름 {
    타입 요소이름();   // 애너테이션의 요소를 선언한다.
    ...
}
```

- 애너테이션의 메서드는 추상메서드이며, 애너테이션을 적용할 때 모두 지정해야한다.(순서 상관없음)

```
@interface TestInfo {
    int       count();
    String    testedBy();
    String[]  testTools();
    TestType  testType(); // enum TestType { FIRST, FINAL }
    DateTime  testDate(); // 자신이 아닌 다른 애너테이션(@DateTime)을 포함할 수 있다.
}

@interface DateTime {
    String yymmdd();
    String hhmmss();
}
```

3.5 애너테이션 요소의 기본값

- 적용시 값을 지정하지 않으면, 사용될 수 있는 기본값 지정 가능(null제외)

```
@interface TestInfo {
    int count() default 1;        // 기본값을 1로 지정
}

@TestInfo    // @TestInfo(count=1)과 동일
public class NewClass { ... }
```

- 요소의 이름이 value인 경우 생략할 수 있다.

```
@TestInfo(5) // @TestInfo(value=5)와 동일
public class NewClass { ... }
```

- 요소의 타입이 배열인 경우, 괄호{}를 사용해야 한다.

```
@interface TestInfo {
    String[] info()  default {"aaa","bbb"}; // 기본값이 여러 개인 경우. 괄호{}사용
    String[] info2() default "ccc"; // 기본값이 하나인 경우. 괄호 생략가능
}

@TestInfo                    // @TestInfo(info={"aaa","bbb"}, info2="ccc")와 동일
@TestInfo(info2={})  // @TestInfo(info={"aaa","bbb"}, info2={})와 동일
class NewClass { ... }
```

3.6 모든 애너테이션의 조상 – java.lang.annotation.Annotation

- Annotation은 모든 애너테이션의 조상이지만 상속은 불가

```
@interface TestInfo extends Annotation { // 에러. 허용되지 않는 표현
    int          count();
    String       testedBy();
        ...
}
```

- 사실 Annotaion은 인터페이스로 정의되어 있다.

```
package java.lang.annotation;

public interface Annotation {   // Annotation자신은 인터페이스이다.
    boolean equals(Object obj);
    int hashCode();
    String toString();

    Class<? extends Annotation> annotationType(); // 애너테이션의 타입을 반환
}
```

3.7 마커 애너테이션 - Marker Annotation

- 요소가 하나도 정의되지 않은 애너테이션

```
@Target(ElementType.METHOD)
@Retention(RetentionPolicy.SOURCE)
public @interface Override {}   // 마커 애너테이션. 정의된 요소가 하나도 없다.

@Target(ElementType.METHOD)
@Retention(RetentionPolicy.SOURCE)
public @interface Test {}       // 마커 애너테이션. 정의된 요소가 하나도 없다.
```

3.8 애너테이션 요소의 규칙

- **애너테이션의 요소를 선언할 때 아래의 규칙을 반드시 지켜야 한다.**

  - 요소의 타입은 기본형, String, enum, 애너테이션, Class만 허용됨
  - 괄호()안에 매개변수를 선언할 수 없다.
  - 예외를 선언할 수 없다.
  - 요소를 타입 매개변수로 정의할 수 없다.

- **아래의 코드에서 잘못된 부분은 무엇인지 생각해보자.**

```
@interface AnnoTest {
    int id = 100;                      // OK. 상수 선언. static final int id = 100;
    String major(int i, int j);        // 에러. 매개변수를 선언할 수 없음
    String minor() throws Exception;   // 에러. 예외를 선언할 수 없음
    ArrayList<T> list();               // 에러. 요소의 타입에 타입 매개변수 사용불가
}
```

Java의 정석

제 13 장

쓰레드(thread)

1. 쓰레드, 프로세스, 멀티 쓰레드

1.1 프로세스와 쓰레드(process & thread) (1/2)

실행
프로그램 ──────▶ 프로세스

▶ 프로그램 : 실행 가능한 파일(HDD, SSD)   ▶ 프로세스 : 실행 중인 프로그램(메모리)

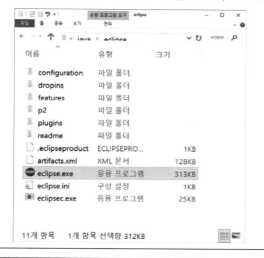
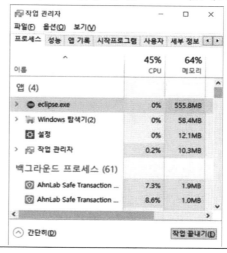

1.1 프로세스와 쓰레드(process & thread) (2/2)

▶ 프로세스 : 실행 중인 프로그램, 자원(resources)과 쓰레드로 구성

▶ 쓰레드   : 프로세스 내에서 실제 작업을 수행.

　　　　　　모든 프로세스는 최소한 하나의 쓰레드를 가지고 있다.

프로세스 : 쓰레드 = 공장 : 일꾼

▶ 싱글 쓰레드 프로세스　　　　　　▶ 멀티 쓰레드 프로세스

= 자원+쓰레드　　　　　　　　　　= 자원+쓰레드+쓰레드+...+쓰레드

프로세스(공장)

쓰레드(일꾼)

1.2 멀티프로세스 vs. 멀티쓰레드

▶ 멀티 태스킹(멀티 프로세싱) : 동시에 여러 프로세스를 실행시키는 것

▶ 멀티 쓰레딩 : 하나의 프로세스 내에 동시에 여러 쓰레드를 실행시키는 것

- 프로세스를 생성하는 것보다 쓰레드를 생성하는 비용이 적다.

- 같은 프로세스 내의 쓰레드들은 서로 자원을 공유한다.

2 프로세스 1 쓰레드

VS.

1 프로세스 2 쓰레드

1.3 멀티쓰레드의 장단점

> 대부분의 프로그램이 멀티쓰레드로 작성되어 있다.
> 그러나, 멀티쓰레드 프로그래밍이 장점만 있는 것은 아니다.

장점	- 시스템 자원을 보다 **효율적**으로 사용할 수 있다. - 사용자에 대한 응답성(responseness)이 향상된다. - 작업이 분리되어 코드가 간결해 진다. "여러 모로 좋다."
단점	- 동기화(synchronization)에 주의해야 한다. - 교착상태(dead-lock)가 발생하지 않도록 주의해야 한다. - 각 쓰레드가 효율적으로 고르게 실행될 수 있게 해야 한다. "프로그래밍할 때 고려해야 할 사항들이 많다."

1.4 쓰레드의 구현과 실행

① Thread클래스를 상속

```
class MyThread extends Thread {
    public void run() { // Thread클래스의 run()을 오버라이딩
        /* 작업내용 */
    }
}
```

```
public interface Runnable {
    public abstract void run();
}
```

② Runnable인터페이스를 구현

```
class MyThread2 implements Runnable {
    public void run() { // Runnable인터페이스의 추상메서드 run()을 구현
        /* 작업내용 */
    }
}
```

```
MyThread t1 = new MyThread();   // 쓰레드의 생성
t1.start(); // 쓰레드의 실행
```

```
Runnable r = new MyThread2();
Thread  t2 = new Thread(r); // Thread(Runnable r)
//  Thread  t2 = new Thread(new MyThread2());
t2.start();
```

1.5 start()와 run()

```
class ThreadTest {
    public static void main(String args[]){
        MyThread t1 = new MyThread();
        t1.start();
    }
}
```

```
class MyThread extends Thread {
    public void run() {
        //...
    }
}
```

1. Call stack

start
main

2. Call stack

start
main

3. Call stack

start
main

run

4. Call stack

main

run

2. 싱글쓰레드와 멀티쓰레드

2.1 싱글쓰레드 vs. 멀티쓰레드(1/3)

▶ 싱글쓰레드

```
class ThreadTest {
    public static void main(String args[]){
        for(int i=0;i<300;i++) {
            I System.out.println("-");
        }

        for(int i=0;i<300;i++) {
            System.out.println("|");
        }
    } // main
}
```

▶ 멀티쓰레드

```
class ThreadTest {
    public static void main(String args[]){
        MyThread1 th1 = new MyThread1();
        MyThread2 th2 = new MyThread2();
        th1.start();
        th2.start();
    }
}

class MyThread1 extends Thread {
    public void run() {
        for(int i=0;i<300;i++) {
            System.out.println("-");
        }
    } // run()
}

class MyThread2 extends Thread {
    public void run() {
        for(int i=0;i<300;i++) {
            System.out.println("|");
        }
    } // run()
}
```

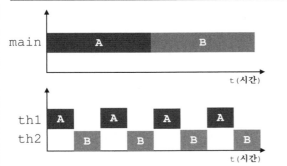

2.1 싱글쓰레드 vs. 멀티쓰레드(2/3) – 병행과 병렬

▶ 멀티쓰레드

```java
class ThreadTest {
    public static void main(String args[]){
        MyThread1 th1 = new MyThread1();
        MyThread2 th2 = new MyThread2();
        th1.start();
        th2.start();
    }
}

class MyThread1 extends Thread {
    public void run() {
        for(int i=0;i<300;i++) {
            System.out.println("-");
        }
    } // run()
}

class MyThread2 extends Thread {
    public void run() {
        for(int i=0;i<300;i++) {
            System.out.println("|");
        }
    } // run()
}
```

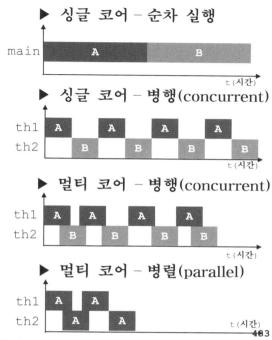

▶ 싱글 코어 – 순차 실행

▶ 싱글 코어 – 병행(concurrent)

▶ 멀티 코어 – 병행(concurrent)

▶ 멀티 코어 – 병렬(parallel)

2.1 싱글쓰레드 vs. 멀티쓰레드(3/3) – blocking

```java
class ThreadEx6 {
    public static void main(String[] args){
        String input = JOptionPane.showInputDialog("아무 값이나 입력하세요.");
        System.out.println("입력하신 값은 " + input + "입니다.");

        for(int i=10; i > 0; i--) {
            System.out.println(i);
            try { Thread.sleep(1000); } ca
        }
    } // main
}
```

```java
class ThreadEx7 {
    public static void main(String[] arg
        ThreadEx7_1 th1 = new ThreadEx7_
        th1.start();

        String input = JOptionPane.showI
        System.out.println("입력하신 값
    }
}

class ThreadEx7_1 extends Thread {
    public void run() {
        for(int i=10; i > 0; i--) {
            System.out.println(i);
            try { sleep(1000); } catch(Exception e ) {}
        }
    } // run()
}
```

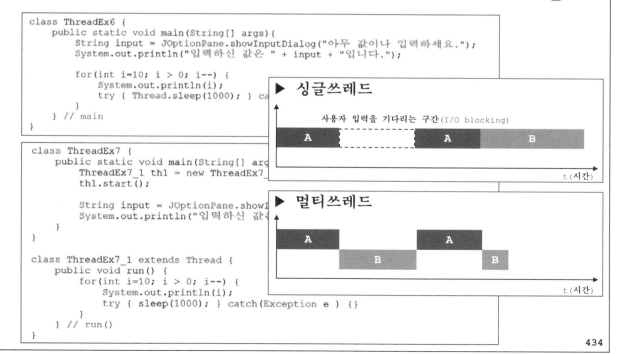

▶ 싱글쓰레드

사용자 입력을 기다리는 구간(I/O blocking)

▶ 멀티쓰레드

2.2 쓰레드의 우선순위(priority of thread)

- 작업의 중요도에 따라 쓰레드의 우선순위를 다르게 하여 특정 쓰레드가 더 많은 작업시간을 갖게 할 수 있다.

`void setPriority(int newPriority)`	쓰레드의 우선순위를 지정한 값으로 변경한다.
`int  getPriority()`	쓰레드의 우선순위를 반환한다.

```
public static final int MAX_PRIORITY  = 10   // 최대우선순위
public static final int MIN_PRIORITY  = 1    // 최소우선순위
public static final int NORM_PRIORITY = 5    // 보통우선순위
```

▶ 우선순위가 같은 경우

▶ A의 우선순위가 높은 경우

2.3 쓰레드 그룹(ThreadGroup)

- 서로 관련된 쓰레드를 그룹으로 묶어서 다루기 위한 것(보안상의 이유)
- 모든 쓰레드는 반드시 하나의 쓰레드 그룹에 포함되어 있어야 한다.
- 쓰레드 그룹을 지정하지 않고 생성한 쓰레드는 'main쓰레드 그룹'에 속한다.
- 자신을 생성한 쓰레드(부모 쓰레드)의 그룹과 우선순위를 상속받는다.

생성자 / 메서드	설 명
ThreadGroup(String name)	지정된 이름의 새로운 쓰레드 그룹을 생성
ThreadGroup(ThreadGroup parent, String name)	지정된 쓰레드 그룹에 포함되는 새로운 쓰레드 그룹을 생성
int activeCount( )	쓰레드 그룹에 포함된 활성상태에 있는 쓰레드의 수를 반환
int activeGroupCount( )	쓰레드 그룹에 포함된 활성상태에 있는 쓰레드 그룹의 수를 반환
void checkAccess( )	현재 실행중인 쓰레드가 쓰레드 그룹을 변경할 권한이 있는지 체크.
void destroy( )	쓰레드 그룹과 하위 쓰레드 그룹까지 모두 삭제한다.
int enumerate(Thread[ ] list) int enumerate(Thread[ ] list, boolean recurse) int enumerate(ThreadGroup[ ] list) int enumerate(ThreadGroup[ ] list, boolean recurse)	쓰레드 그룹에 속한 쓰레드 또는 하위 쓰레드 그룹의 목록을 지정된 배열에 담고 그 개수를 반환. 두 번째 매개변수인 recurse의 값을 true로 하면 쓰레드 그룹에 속한 하위 쓰레드 그룹에 쓰레드 또는 쓰레드 그룹까지 배열에 담는다.
int getMaxPriority( )	쓰레드 그룹의 최대우선순위를 반환
String getName( )	쓰레드 그룹의 이름을 반환
ThreadGroup getParent( )	쓰레드 그룹의 상위 쓰레드그룹을 반환
void interrupt( )	쓰레드 그룹에 속한 모든 쓰레드를 interrupt
boolean isDaemon( )	쓰레드 그룹이 데몬 쓰레드그룹인지 확인
boolean isDestroyed( )	쓰레드 그룹이 삭제되었는지 확인
void list( )	쓰레드 그룹에 속한 쓰레드와 하위 쓰레드그룹에 대한 정보를 출력
boolean parentOf(ThreadGroup g)	지정된 쓰레드 그룹의 상위 쓰레드그룹인지 확인
void setDaemon(boolean daemon)	쓰레드 그룹을 데몬 쓰레드그룹으로 설정/해제
void setMaxPriority(int pri)	쓰레드 그룹의 최대우선순위를 설정

2.4 데몬 쓰레드(daemon thread)

- 일반 쓰레드(non-daemon thread)의 작업을 돕는 보조적인 역할을 수행.

- 일반 쓰레드가 모두 종료되면 자동적으로 종료된다.

- 가비지 컬렉터, 자동저장, 화면자동갱신 등에 사용된다.

- 무한루프와 조건문을 이용해서 실행 후 대기하다가 특정조건이 만족되면
  작업을 수행하고 다시 대기하도록 작성한다.

> **boolean isDaemon()** - 쓰레드가 데몬 쓰레드인지 확인한다. 데몬 쓰레드이면 true를 반환
> **void setDaemon(boolean on)** - 쓰레드를 데몬 쓰레드로 또는 사용자 쓰레드로 변경
> 　　　　　　　　　　　　　　　매개변수 on을 true로 지정하면 데몬 쓰레드가 된다.

* setDaemon(boolean on)은 반드시 start()를 호출하기 전에 실행되어야 한다.
　그렇지 않으면 IllegalThreadStateException이 발생한다.

---

3. 쓰레드의 상태와 실행제어

3.1 쓰레드의 실행제어

- 쓰레드의 실행을 제어(스케줄링)할 수 있는 메서드가 제공된다.
  이 들을 활용해서 보다 효율적인 프로그램의 작성할 수 있다.

메서드	설 명
static void sleep(long millis) static void sleep(long millis, int nanos)	지정된 시간(천분의 일초 단위)동안 쓰레드를 일시정지시킨다. 지정한 시간이 지나고 나면, 자동적으로 다시 실행대기상태가 된다.
void join( ) void join(long millis) void join(long millis, int nanos)	지정된 시간동안 쓰레드가 실행되도록 한다. 지정된 시간이 지나거나 작업이 종료되면 join( )을 호출한 쓰레드로 다시 돌아와 실행을 계속한다.
void interrupt( )	sleep( )이나 join( )에 의해 일시정지상태인 쓰레드를 깨워서 실행대기상태로 만든다. 해당 쓰레드에서는 InterruptedException이 발생함으로써 일시정지 상태를 벗어나게 된다.
void stop( )	쓰레드를 즉시 종료시킨다.
void suspend( )	쓰레드를 일시정지시킨다. resume( )을 호출하면 다시 실행대기상태가 된다.
void resume( )	suspend( )에 의해 일시정지상태에 있는 쓰레드를 실행대기상태로 만든다.
static void yield( )	실행 중에 자신에게 주어진 실행시간을 다른 쓰레드에게 양보(yield)하고 자신은 실행대기상태가 된다.

▲ 표13-2 쓰레드의 스케줄링과 관련된 메서드

* resume(), stop(), suspend()는 쓰레드를 교착상태로 만들기 쉽기 때문에 deprecated되었다.

3.2 쓰레드의 상태(state of thread)

상태	설명
NEW	쓰레드가 생성되고 아직 start( )가 호출되지 않은 상태
RUNNABLE	실행 중 또는 실행 가능한 상태
BLOCKED	동기화블럭에 의해서 일시정지된 상태(lock이 풀릴 때까지 기다리는 상태)
WAITING, TIMED_WAITING	쓰레드의 작업이 종료되지는 않았지만 실행가능하지 않은(unrunnable) 일시정지 상태. TIMED_WAITING은 일시정지시간이 지정된 경우를 의미한다.
TERMINATED	쓰레드의 작업이 종료된 상태

time-out,
resume(),
notify(),
interrupt()

suspend(), sleep(),
wait(), join(),
I/O block

일시정지(WAITING, BLOCKED)

start()

생성
(NEW)

실행대기(RUNNABLE)

실행

stop()

소멸
(TERMINATED)

3.3 쓰레드의 실행제어 메서드(1/5) – sleep()

- 현재 쓰레드를 지정된 시간동안 멈추게 한다.

```
static void sleep(long millis)              // 천분의 일초 단위
static void sleep(long millis, int nanos)  // 천분의 일초 + 나노초
```

- 예외처리를 해야 한다.(InterruptedException이 발생하면 깨어남)

```
try {
    Thread.sleep(1, 500000);    // 쓰레드를 0.0015초 동안 멈추게 한다.
} catch(InterruptedException e) {}
```

```
void delay(long millis) {
        try {
            Thread.sleep(millis);
        } catch(InterruptedException e) {}
}
```

- 특정 쓰레드를 지정해서 멈추게 하는 것은 불가능하다.

```
try {
    th1.sleep(2000);
} catch(InterruptedException e) {}
```
→
```
try {
    Thread.sleep(2000);
} catch(InterruptedException e) {}
```

3.3 쓰레드의 실행제어 메서드(2/5) – interrupt()

- 대기상태(WAITING)인 쓰레드를 실행대기 상태(RUNNABLE)로 만든다.

```
void       interrupt()          쓰레드의 interrupted상태를 false에서 true로 변경.
boolean    isInterrupted()      쓰레드의 interrupted상태를 반환.
static boolean interrupted()    현재 쓰레드의 interrupted상태를 알려주고, false로 초기화
```

```
public static void main(String[] args){
    ThreadEx13_2 th1 = new ThreadEx13_2();
    th1.start();
        ...
    th1.interrupt();   // interrupt()를 호출하면, interrupted상태가 true가 된다.
        ...
    System.out.println("isInterrupted():"+ th1.isInterrupted()); // true
```

```
class Thread {  // 알기 쉽게 변경한 코드
    ...
    boolean interrupted = false;
    ...
    boolean isInterrupted() {
        return interrupted;
    }

    boolean interrupt() {
        interrupted = true;
    }
}
```

```
class ThreadEx13_2 extends Thread {
    public void run() {
        ...
        while( downloaded && !isInterrupted()) {
            // download를 수행한다.
            ...
        }

        System.out.println("다운로드가 끝났습니다.");
    } // main
}
```

3.3 쓰레드의 실행제어 메서드(3/5) - suspend(), resume(), stop()

- 쓰레드의 실행을 일시정지, 재개, 완전정지 시킨다. 교착상태에 빠지기 쉽다.

void suspend()	쓰레드를 일시정지 시킨다.
void resume()	suspend()에 의해 일시정지된 쓰레드를 실행대기상태로 만든다.
void stop()	쓰레드를 즉시 종료시킨다.

- suspend(), resume(), stop()은 deprecated되었으므로, 직접 구현해야 한다.

```
class ThreadEx17_1 implements Runnable {
    boolean suspended = false;
    boolean stopped   = false;

    public void run() {
        while(!stopped) {
            if(!suspended) {
                /* 쓰레드가 수행할 코드를 작성 */
            }
        }
    }
    public void suspend() { suspended = true;  }
    public void resume()  { suspended = false; }
    public void stop()    { stopped = true;    }
}
```

3.3 쓰레드의 실행제어 메서드(4/5) – yield()

- 남은 시간을 다음 쓰레드에게 양보하고, 자신(현재 쓰레드)은 실행대기한다.
- yield()와 interrupt()를 적절히 사용하면, 응답성과 효율을 높일 수 있다.

```
class MyThreadEx18 implements Runnable {
    boolean suspended = false;
    boolean stopped = false;

    Thread th;

    MyThreadEx18(String name) {
        th = new Thread(this, name);
    }

    public void run() {
        while(!stopped) {
            if(!suspended) {
                /*
                      작업수행
                */
                try {
                    Thread.sleep(1000);
                } catch(InterruptedException e) {}
            } else {
                Thread.yield();
            } // if
        } // while
    }

    public void start() {
        th.start();
    }

    public void resume() {
        suspended = false;
    }

    public void suspend() {
        suspended = true;
        th.interrupt();
    }

    public void stop() {
        stopped = true;
        th.interrupt();
    }
```

3.3 쓰레드의 실행제어 메서드(5/5) – join()

- 지정된 시간동안 특정 쓰레드가 작업하는 것을 기다린다.

```
void join()                          // 작업이 모두 끝날 때까지
void join(long millis)               // 천분의 일초 동안
void join(long millis, int nanos)    // 천분의 일초 + 나노초 동안
```

- 예외처리를 해야 한다.(InterruptedException이 발생하면 작업 재개)

```java
public static void main(String args[]) {
    ThreadEx19_1 th1 = new ThreadEx19_1();
    ThreadEx19_2 th2 = new ThreadEx19_2();
    th1.start();
    th2.start();
    startTime = System.currentTimeMillis();

    try {
        th1.join(); // main쓰레드가 th1의 작업이 끝날 때까지 기다린다.
        th2.join(); // main쓰레드가 th2의 작업이 끝날 때까지 기다린다.
    } catch(InterruptedException e) {}

    System.out.print("소요시간:" + (System.currentTimeMillis()
                                      - ThreadEx19.startTime));
} // main
```

3.4 쓰레드의 실행제어 예제 – join() & interrupt()

```java
public void run() {
    while(true) {
        try {
            Thread.sleep(10 * 1000); // 10초를 기다린다.
        } catch(InterruptedException e) {
            System.out.println("Awaken by interrupt().");
        }

        gc(); // garbage collection을 수행한다.
        System.out.println("Garbage Collected. Free Memory :"+ freeMemory());
    }
}

    for(int i=0; i < 20; i++) {
        requiredMemory = (int)(Math.random() * 10) * 20;
        // 필요한 메모리가 사용할 수 있는 양보다 적거나 전체 메모리의 60%이상 사용했을 경우 gc를 깨운다.
        if(gc.freeMemory() < requiredMemory ||
           gc.freeMemory() < gc.totalMemory() * 0.4)
        {
            gc.interrupt(); // 잠자고 있는 쓰레드 gc를 깨운다.

            try {
                gc.join(100);
            } catch(InterruptedException e) {}
        }
        gc.usedMemory += requiredMemory;
        System.out.println("usedMemory:"+gc.usedMemory);
    }
```

4. 쓰레드의 동기화

4.1 쓰레드의 동기화 - synchronized

- 한 번에 하나의 쓰레드만 객체에 접근할 수 있도록 객체에 락(lock)을 걸어서 데이터의 일관성을 유지하는 것.

1. 특정한 객체에 lock을 걸고자 할 때
```
synchronized(객체의 참조변수) {
    //...
}
```

2. 메서드에 lock을 걸고자할 때
```
public synchronized void calcSum() {
    //...
}
```

```
public synchronized void withdraw(int money) {
    if(balance >= money) {
        try {
            Thread.sleep(1000);
        } catch(Exception e) {}

        balance -= money;
    }
}
```

◄───────►

```
public void withdraw(int money) {
    synchronized(this) {
        if(balance >= money) {
            try {
                Thread.sleep(1000);
            } catch(Exception e) {}

            balance -= money;
        }
    } // synchronized(this)
}
```

4.1 쓰레드의 동기화 - Example

```
class Account2 {
    private int balance = 1000; // private으로 해야 동기화가 의미가 있다.

    public int getBalance() {
        return balance;
    }

    public synchronized void withdraw(int money){ // synchronized로 메서드
        if(balance >= money) {
            try { Thread.sleep(1000);} catch(InterruptedException e) {
            balance -= money;
        }
    } // withdraw
}

class RunnableEx22 implements Runnable {
    Account2 acc = new Account2();

    public void run() {
        while(acc.getBalance() > 0) {
            // 100, 200, 300중의 한 값을 임으로 선택해서 출금(withdraw)
            int money = (int)(Math.random() * 3 + 1) * 100;
            acc.withdraw(money);
            System.out.println("balance:"+acc.getBalance());
        }
    } // run()
}
```

▶synchronized없을 때

```
balance:900
balance:700
balance:600
balance:400
balance:200
balance:-100
계속하려면 아무 키나
```

▶synchronized있을 때

```
balance:800
balance:500
balance:200
balance:0
balance:0
계속하려면 아무 키나
```

```
class ThreadEx22 {
    public static void main(String args[]) {
        Runnable r = new RunnableEx22();
        new Thread(r).start();
        new Thread(r).start();
    }
}
```

4.2 wait(), notify(), notifyAll()를 이용한 동기화

- 동기화의 효율을 높이기 위해 wait(), notify()를 사용.
- Object클래스에 정의되어 있으며, 동기화 블록 내에서만 사용할 수 있다.
- wait() - 객체의 lock을 풀고 쓰레드를 해당 객체의 waiting pool에 넣는다.
- notify() - waiting pool에서 대기중인 쓰레드 중의 하나를 깨운다.
- notifyAll() - waiting pool에서 대기중인 모든 쓰레드를 깨운다.

```
class Account {
    int balance = 1000;

    public synchronized void withdraw(int money){
        while(balance < money) {
            try {
                wait(); // 대기 - 락을 풀고 기다린다. 통지를 받으면 락을 재획득(ReEntrance)
            } catch(InterruptedException e) {}
        }

        balance -= money;
    } // withdraw

    public synchronized void deposit(int money) {
        balance += money;
        notify(); // 통지 - 대기중인 쓰레드 중 하나에게 알림.
    }
}
```

4.3 생산자와 소비자 문제(Ex1)
 - 요리사는 Table에 음식을 추가. 손님은 Table의 음식을 소비
 - 요리사와 손님이 같은 객체(Table)을 공유하므로 동기화가 필요

Table
```
private ArrayList dishes
                = new ArrayList();

public void add(String dish) {
   // 테이블이 가득찼으면, 음식을 추가안함
   if(dishes.size() >= MAX_FOOD)
      return;
   dishes.add(dish);
   System.out.println("Dishes:"
      + dishes.toString());
}

public boolean remove(String dishName)
{
   // 지정된 요리와 일치하는 요리를 테이블에서 제거한다.
   for(int i=0; i<dishes.size();i++)
      if(dishName.equals(dishes.get(i)))
      {
         dishes.remove(i);
         return true;
      }
   return false;
}
```

Cook
```
public void run() {
   while(true) {
      // 임의의 요리를 하나 선택해서 table에 추가한다.
      int idx = (int)(Math.random()*table.dishNum());
      table.add(table.dishNames[idx]);
      try { Thread.sleep(1);} catch(InterruptedException e) {}
   } // while
}
```

Customer
```
public void run() {
   while(true) {
      try { Thread.sleep(10);} catch(InterruptedException e) {}
      String name = Thread.currentThread().getName();

      if(eatFood())
         System.out.println(name + " ate a " + food);
      else
         System.out.println(name + " failed to eat. :(");
   } // while
}

boolean eatFood() { return table.remove(food); }
```

main( )
```
Table table = new Table(); // 여러 쓰레드가 공유하는 객체

new Thread(new Cook(table), "COOK1").start();
new Thread(new Customer(table, "donut"), "CUST1").start();
new Thread(new Customer(table, "burger"), "CUST2").start();
```
451

4.3 생산자와 소비자 문제(Ex1) – 실행결과
 [예외1] 요리사가 Table에 요리를 추가하는 과정에 손님이 요리를 먹음
 [예외2] 하나 남은 요리를 손님2가 먹으려하는데, 손님1이 먹음.

```
[실행결과]
Dishes:[donut]
Dishes:[donut, burger]
Dishes:[donut, burger, donut]
Dishes:[donut, burger, donut, donut]
CUST1 ate a donut
CUST2 ate a burger
Dishes:[burger, donut, donut]
Dishes:[burger, donut, donut, burger]
Dishes:[burger, donut, donut, burger, donut]
Dishes:[burger, donut, donut, burger, donut, donut]
CUST2 ate a burger
CUST1 ate a donut
Exception in thread "COOK1" java.util.ConcurrentModificationException
   at java.util.ArrayList$Itr.checkForComodification(ArrayList.java:901)
   at java.util.ArrayList$Itr.next(ArrayList.java:851)
   at java.util.AbstractCollection.toString(AbstractCollection.java:461)
   at Table.add(ThreadWaitEx1.java:49)
   at Cook.run(ThreadWaitEx1.java:35)
   at java.lang.Thread.run(Thread.java:745)
CUST1 ate a donut
CUST2 ate a burger
CUST1 ate a donut
CUST2 ate a burger
CUST1 ate a donut
Exception in thread  "CUST2"  java.lang.IndexOutOfBoundsException: Index: 0,
 Size: 0
   at java.util.ArrayList.rangeCheck(ArrayList.java:653)
   at java.util.ArrayList.get(ArrayList.java:429)
   at Table.remove(ThreadWaitEx1.java:54)
   at Customer.eatFood(ThreadWaitEx1.java:24)
   at Customer.run(ThreadWaitEx1.java:17)
   at java.lang.Thread.run(Thread.java:745)
CUST1 failed to eat. :(
CUST1 failed to eat. :(
```

4.3 쓰레드의 동기화(Ex2) – 생산자와 소비자 문제

[문제점] Table을 여러 쓰레드가 공유하기 때문에 작업 중에 끼어들기 발생

[해결책] Table의 add()와 remove()를 synchronized로 동기화

Table

```java
private ArrayList dishes
                = new ArrayList();

public void add(String dish) {
    // 테이블이 가득찼으면, 음식을 추가안함
    if(dishes.size() >= MAX_FOOD)
        return;
    dishes.add(dish);
    System.out.println("Dishes:"
        + dishes.toString());
}

public boolean remove(String dishName)
{
    // 지정된 요리와 일치하는 요리를 테이블에서 제거한다.
    for(int i=0; i<dishes.size();i++)
        if(dishName.equals(dishes.get(i)))
        {
            dishes.remove(i);
            return true;
        }
    return false;
}
```

동기화된 Table

```java
public synchronized void add(String dish) {
    if(dishes.size() >= MAX_FOOD)
        return;

    dishes.add(dish);
    System.out.println("Dishes:" + dishes.toString());
}

public boolean remove(String dishName) {
    synchronized(this) {
        while(dishes.size()==0) {
            String name = Thread.currentThread().getName();
            System.out.println(name+" is waiting.");
            try {
                Thread.sleep(500);
            } catch(InterruptedException e) {}
        }
        for(int i=0; i<dishes.size();i++)
            if(dishName.equals(dishes.get(i))) {
                dishes.remove(i);
                return true;
            }
    } // synchronized
    return false;
}
```

4.3 쓰레드의 동기화(Ex2) – 실행결과

[문제] 예외는 발생하지 않지만, 손님(CUST2)이 Table에 lock건 상태를 지속
요리사가 Table의 lock을 얻을 수 없어서 음식을 추가하지 못함

[실행결과]

```
Dishes:[burger]
CUST2 ate a burger
CUST1 failed to eat. :(   ← donut이 없어서 먹지 못했다.
CUST2 is waiting.   ← 음식이 없어서 테이블에 lock을 건 채로 계속 기다리고 있다.
CUST2 is waiting.
CUST2 is waiting.
CUST2 is waiting.
CUST2 is waiting.
CUST2 is waiting.
CUST2 is waiting.
CUST2 is waiting.
CUST2 is waiting.
CUST2 is waiting.
```

4.3 쓰레드의 동기화(Ex3) – 생산자와 소비자 문제

[문제점] 음식이 없을 때, 손님이 Table의 lock을 쥐고 안놓는다.
　　　　요리사가 lock을 얻지못해서 Table에 음식을 추가할 수 없다.

[해결책] 음식이 없을 때, wait()으로 손님이 lock을 풀고 기다리게하자.
　　　요리사가 음식을 추가하면, notify()로 손님에게 알리자.(손님이 lock을 재획득)

```java
public synchronized void add(String dish) {
    while(dishes.size() >= MAX_FOOD) {
        String name = Thread.currentThread().getName();
        System.out.println(name+" is waiting.");
        try {
            wait(); // COOK쓰레드를 기다리게 한다.
            Thread.sleep(500);
        } catch(InterruptedException e) {}
    }
    dishes.add(dish);
    notify(); // 기다리고 있는 CUST를 깨우기 위함.
    System.out.println("Dishes:" + dishes.toString());
}
```

```java
public void remove(String dishName) {
    synchronized(this) {
        String name = Thread.currentThread().getName();
        while(dishes.size()==0) {
            System.out.println(name+" is waiting.");
            try {
                wait(); // CUST쓰레드를 기다리게 한다.
                Thread.sleep(500);
            } catch(InterruptedException e) {}
        }

        while(true) {
            for(int i=0; i<dishes.size();i++) {
                if(dishName.equals(dishes.get(i))) {
                    dishes.remove(i);
                    notify(); // 잠자고 있는 COOK을 깨우기 위함
                    return;
                }
            } // for문의 끝

            try {
                System.out.println(name+" is waiting.");
                wait(); // 원하는 음식이 없는 CUST쓰레드를 기다리게 한다.
                Thread.sleep(500);
            } catch(InterruptedException e) {}
        } // while(true)
    } // synchronized
}
```

4.3 쓰레드의 동기화(Ex3) – 실행결과

- 전과 달리 한 쓰레드가 lock을 오래 쥐는 일이 없어짐. 효율적이 됨!!!

```
[실행결과]
Dishes:[donut]
Dishes:[donut, burger]
... 중간 생략...
Dishes:[donut, donut, donut, donut, donut, donut]
COOK1 is waiting.
CUST2 is waiting.
CUST1 ate a donut
Dishes:[donut, donut, donut, donut, donut, donut]
CUST2 is waiting. ← 원하는 음식이 없어서 손님이 기다리고 있다.
COOK1 is waiting. ← 테이블이 가득차서 요리사가 기다리고 있다.
CUST1 ate a donut ← 테이블의 음식이 소비되어 notify()가 호출된다.
CUST2 is waiting. ← 요리사가 아닌 손님이 통지를 받고, 원하는 음식이 없어서 다시 기다린다.
CUST1 ate a donut ← 테이블의 음식이 소비되어 notify()가 호출된다.
Dishes:[donut, donut, donut, donut, donut] ← 이번엔 요리사가 통지받고 음식추가
CUST2 is waiting. ← 음식추가 통지를 받았으나 원하는 음식이 없어서 다시 기다린다.
Dishes:[donut, donut, donut, donut, donut, burger] ← 요리사가 음식추가 (활동 중)
CUST1 ate a donut
CUST2 ate a burger ← 음식추가 통지를 받고, 원하는 음식을 소비 (활동 중)
Dishes:[donut, donut, donut, donut, donut]
Dishes:[donut, donut, donut, donut, donut, burger]
COOK1 is waiting.
CUST1 ate a donut
```

5. Lock & Condition

5.1 Lock과 Condition을 이용한 동기화(1/3)

- java.util.concurrent.locks패키지를 이용한 동기화(JDK1.5)

ReentrantLock	재진입이 가능한 lock. 가장 일반적인 배타 lock
ReentrantReadWriteLock	읽기에는 공유적이고, 쓰기에는 배타적인 lock
StampedLock	ReentrantReadWriteLock에 낙관적인 lock의 기능을 추가

[참고] StampedLock은 JDK1.8부터 추가되었으며, 다른 lock과 달리 Lock인터페이스를 구현하지 않았다.

- 낙관적인 잠금(Optimistic Lock) : 일단 무조건 저지르고 나중에 확인

```
int getBalance() {
    long stamp = lock.tryOptimisticRead(); // 낙관적 읽기 lock을 건다.

    int curBalance = this.balance;          // 공유 데이터인 balance를 읽어온다.

    if(lock.validate(stamp)) {    // 쓰기 lock에 의해 낙관적 읽기 lock이 풀렸는지 확인
        stamp = lock.readLock(); // lock이 풀렸으면, 읽기 lock을 얻으려고 기다린다.

        try {
            curBalance = this.balance; // 공유 데이터를 다시 읽어온다.
        } finally {
            lock.unlockRead(stamp);    // 읽기 lock을 푼다.
        }
    }

    return curBalance; // 낙관적 읽기 lock이 풀리지 않았으면 곧바로 읽어온 값을 반환
}
```

5.1 Lock과 Condition을 이용한 동기화(2/3)

- ReentrantLock을 이용한 동기화

```
ReentrantLock()
ReentrantLock(boolean fair)
```

- synchronized대신 lock()과 unlock()을 사용

```
void lock()          lock을 잠근다.
void unlock()        lock을 해지한다.
boolean isLocked()   lock이 잠겼는지 확인한다.
```

```
synchronized(lock) {                    lock.lock();
   // 임계 영역              ───▶         // 임계 영역
}                                       lock.unlock();
```

```
lock.lock(); // ReentrantLock lock = new ReentrantLock();
try {
     // 임계 영역
} finally {
     lock.unlock();
}
```

5.1 Lock과 Condition을 이용한 동기화(3/3)

- ReentrantLock과 Condition으로 쓰레드를 구분해서 wait() & notify()

```
public void add(String dish) {
    lock.lock();

    try {
        while(dishes.size() >= MAX_FOOD) {
            String name = Thread.currentThread().getName();
            System.out.println(name+" is waiting.");
            try {
                forCook.await(); // wait(); COOK쓰레드를 기다리게 한다.
                Thread.sleep(500);
            } catch(InterruptedException e) {}
        }
        dishes.add(dish);
        forCust.signal(); // notify(); 기다리고 있는 CUST를 깨우기 위함.
        System.out.println("Dishes:" + dishes.toString());
    } finally {
        lock.unlock();
    }
}
```

- ReentrantLock과 Condition의 생성방법

```
private ReentrantLock lock  = new ReentrantLock(); // lock을 생성

private Condition forCook = lock.newCondition();  // lock으로 condition을 생성
private Condition forCust = lock.newCondition();
```

5.2 volatile – cache와 메모리간의 불일치 해소

- 성능 향상을 위해 변수의 값을 core의 cache에 저장해 놓고 작업
- 여러 쓰레드가 공유하는 변수에는 volatile을 붙여야 항상 메모리에서 읽어옴

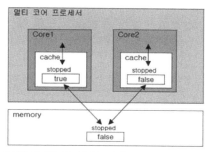

[그림13-11] 멀티 코어 프로세서의 캐시(cache)와 메모리간의 통신

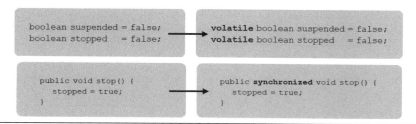

```
boolean suspended = false;          volatile boolean suspended = false;
boolean stopped   = false;          volatile boolean stopped   = false;
```

```
public void stop() {                public synchronized void stop() {
    stopped = true;                     stopped = true;
}                                   }
```

6. join & fork 프레임웍

6.1 fork & join 프레임웍

- 작업을 여러 쓰레드가 나눠서 처리하는 것을 쉽게 해준다.(JDK1.7)
- RecursiveAction 또는 RecursiveTask를 상속받아서 구현

RecursiveAction	반환값이 없는 작업을 구현할 때 사용
RecursiveTask	반환값이 있는 작업을 구현할 때 사용

```
public abstract class RecursiveAction extends ForkJoinTask<Void> {
    ...
    protected abstract void compute(); // 상속을 통해 이 메서드를 구현해야 한다.
    ...
}
```

```
public abstract class RecursiveTask<V> extends ForkJoinTask<V> {
    ...
    V result;
    protected abstract V compute();
    ...
}
```

```
class SumTask extends RecursiveTask<Long> {
    long from, to;

    SumTask(long from, long to) {
        this.from = from;
        this.to   = to;
    }

    public Long compute() {
        // 처리할 작업을 수행하기 위한 문장을 넣는다.
    }
}
```

6.2 compute()의 구현

- 수행할 작업과 작업을 어떻게 나눌 것인지를 정해줘야 한다.
- fork()로 나눈 작업을 큐에 넣고, compute()를 재귀호출한다.

```
public Long compute() {
    long size = to - from + 1;  // from ≤ i

    if(size <= 5)        // 더할 숫자가 5개 이하면
        return sum(); // 숫자의 합을 반환.

    // 범위를 반으로 나눠서 두 개의 작업을 생성
    long half = (from+to)/2;

    SumTask leftSum  = new SumTask(from, half);
    SumTask rightSum = new SumTask(half+1, to);

    leftSum.fork(); // 작업(leftSum)을 작업 큐에 넣는다.

    return rightSum.compute() + leftSum.join();
}
```

```
long sum() {
    long tmp = 0L;

    for(long i=from;i<=to;i++)
        tmp += i;

    return tmp;
}
```

```
ForkJoinPool pool = new ForkJoinPool(); // 쓰레드풀을 생성
SumTask task = new SumTask(from, to);   // 수행할 작업을 생성

Long result = pool.invoke(task); // invoke()를 호출해서 작업을 시작
```

6.3 작업 훔치기(work stealing)

- 작업을 나눠서 다른 쓰레드의 작업 큐에 넣는 것

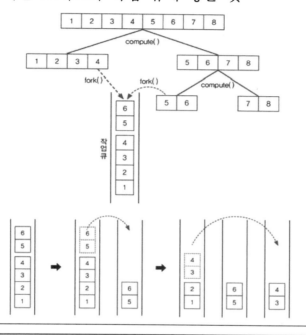

6.4 fork()와 join()

- compute()는 작업을 나누고, fork()는 작업을 큐에 넣는다.(반복)
- join()으로 작업의 결과를 합친다.(반복)

fork() 해당 작업을 쓰레드 풀의 작업 큐에 넣는다. 비동기 메서드

join() 해당 작업의 수행이 끝날 때까지 기다렸다가, 수행이 끝나면 그 결과를 반환한다. 동기 메서드

```java
public Long compute() {
    long size = to - from + 1;   // from ≤ i ≤ to

    if(size <= 5)      // 더할 숫자가 5개 이하면
        return sum(); // 숫자의 합을 반환

    long half = (from+to)/2;

    // 범위를 반으로 나눠서 두 개의 작업을 생성
    SumTask leftSum  = new SumTask(from, half);
    SumTask rightSum = new SumTask(half+1, to);
    leftSum.fork();   // 비동기 메서드. 호출 후 결과를 기다리지 않는다.

    // 동기 메서드. 호출결과를 기다린다.
    return rightSum.compute()+leftSum.join();
}
```

Java의 정석

제 14 장

람다와 스트림
(Lambda & Stream)

1. 람다(Lambda)

1.1 람다식(Lambda Expression)이란?

▶ 함수(메서드)를 간단한 '식(Expression)'으로 표현하는 방법

```
int max(int a, int b) {
    return a > b ? a : b;
}
```
→
```
(a, b) -> a > b ? a : b
```

▶ 익명 함수(이름이 없는 함수, anonymous function)

```
int max(int a, int b) {
    return a > b ? a : b;
}
```
→
```
int max(int a, int b) -> {
    return a > b ? a : b;
}
```

▶ 함수와 메서드의 차이
  - 근본적으로 동일. 함수는 일반적 용어, 메서드는 객체지향개념 용어
  - 함수는 클래스에 독립적, 메서드는 클래스에 종속적

1.2 람다식 작성하기

1. 메서드의 이름과 반환타입을 제거하고 '->'를 블록{} 앞에 추가한다.

```
int max(int a, int b) {
    return a > b ? a : b;
}
```
→
```
int max(int a, int b) -> {
    return a > b ? a : b;
}
```

2. 반환값이 있는 경우, 식이나 값만 적고 return문 생략 가능(끝에 ';' 안 붙임)

```
(int a, int b) -> {
    return a > b ? a : b;
}
```
→
```
(int a, int b)-> a > b ? a : b
```

3. 매개변수의 타입이 추론 가능하면 생략가능(대부분의 경우 생략가능)

```
(int a, int b)-> a > b ? a : b
```
→
```
(a, b)-> a > b ? a : b
```

1.2 람다식 작성하기 - 주의사항

1. 매개변수가 하나인 경우, 괄호() 생략가능(타입이 없을 때만)

```
    (a) -> a * a
    (int a)-> a * a
```

```
    a -> a * a    // OK
    int a -> a * a  // 에러
```

2. 블록 안의 문장이 하나뿐 일 때, 괄호{}생략가능(끝에 ';' 안 붙임)

```
    (int i) -> {
      System.out.println(i);
    }
```

```
    (int i)-> System.out.println(i)
```

단, 하나뿐인 문장이 return문이면 괄호{} 생략불가

```
    (int a, int b) -> { return a > b ? a : b; }   // OK
    (int a, int b) ->   return a > b ? a : b      // 에러
```

1.2 람다식 작성하기 - 실습

메서드	람다식

`int max(int a, int b) {`
`    return a > b ? a : b;`
`}`
	①

`int printVar(String name, int i) {`
`    System.out.println(name+"="+i);`
`}`
	②

`int square(int x) {`
`    return x * x;`
`}`
	③

`int roll() {`
`    return (int)(Math.random()*6);`
`}`
	④

1.3 함수형 인터페이스(1/3)

▶ 람다식은 익명 함수? 사실은 익명 객체!!!

```
(a, b)-> a > b ? a : b
```

```
new Object() {
    int max(int a, int b) {
        return a > b ? a : b;
    }
}
```

▶ 람다식(익명 객체)을 다루기 위한 참조변수가 필요. 참조변수의 타입은?

```
Object obj = new Object() {
    int max(int a, int b) {
        return a > b ? a : b;
    }
};
```

```
타입 obj = (a, b)-> a > b ? a : b ; // 어떤 타입?
```

```
int value = obj.max(3,5); // 에러. Object클래스에 max()가 없음
```

473

1.3 함수형 인터페이스(2/3)

▶ 함수형 인터페이스 - 단 하나의 추상 메서드만 선언된 인터페이스

```
interface MyFunction {
    public abstract int max(int a, int b);
}
```

```
MyFunction f = new MyFunction() {
                   public int max(int a, int b) {
                       return a > b ? a : b;
                   }
               };
```

```
int value = f.max(3,5); // OK. MyFunction에 max()가 있음
```

▶ 함수형 인터페이스 타입의 참조변수로 람다식을 참조할 수 있음.
  (단, 함수형 인터페이스의 메서드와 람다식의 매개변수 개수와 반환타입이 일치해야 함.)

```
MyFunction f = (a, b) -> a > b ? a : b;
```

```
int value = f.max(3,5); // 실제로는 람다식(익명 함수)이 호출됨
```

474

1.3 함수형 인터페이스 - example

▶ 익명 객체를 람다식으로 대체

```java
List<String> list = Arrays.asList("abc", "aaa", "bbb", "ddd", "aaa");

Collections.sort(list, new Comparator<String>() {
                        public int compare(String s1, String s2) {
                            return s2.compareTo(s1);
                        }
                });
```

```java
interface Comparator<T> {
    int compare(T o1, T o2);
}
```

```java
List<String> list = Arrays.asList("abc", "aaa", "bbb", "ddd", "aaa");
Collections.sort(list,(s1,s2)-> s2.compareTo(s1));
```

475

1.3 함수형 인터페이스 (3/3)- 매개변수와 반환타입

```java
@FunctionalInterface
interface MyFunction {
    void myMethod();
}
```

▶ 함수형 인터페이스 타입의 매개변수

```java
void aMethod(MyFunction f) {
    f.myMethod(); // MyFunction에 정의된 메서드 호출
}
```

```java
MyFunction f = ()-> System.out.println("myMethod()");
aMethod(f);
```

```java
aMethod(()-> System.out.println("myMethod()"));
```

▶ 함수형 인터페이스 타입의 반환타입

```java
MyFunction myMethod() {
    MyFunction f = ()->{};
    return f;
}
```

```java
MyFunction myMethod() {
    return ()->{};
}
```

476

1.4 java.util.function패키지(1/5)

▶ **자주 사용되는 다양한 함수형 인터페이스를 제공.**

함수형 인터페이스	메서드	설 명
java.lang. Runnable	void run()	매개변수도 없고, 반환값도 없음.
Supplier<T>	T get() →T	매개변수는 없고, 반환값만 있음.
Consumer<T>	T→ void accept(T t)	Supplier와 반대로 매개변수만 있고, 반환값이 없음
Function<T,R>	T→ R apply(T t) →R	일반적인 함수. 하나의 매개변수를 받아서 결과를 반환
Predicate<T>	T→ boolean test(T t) →boolean	조건식을 표현하는데 사용됨. 매개변수는 하나, 반환 타입은 boolean

```
Predicate<String> isEmptyStr = s -> s.length()==0;
String s = "";

if(isEmptyStr.test(s)) // if(s.length()==0)
    System.out.println("This is an empty String.");
```

1.4 java.util.function패키지 - Quiz

Q. 아래의 빈 칸에 알맞은 함수형 인터페이스(java.util.function패키지)를 적으시오.

```
[      ①     ]  f = ()-> (int)(Math.random()*100)+1;
[      ②     ]  f = i -> System.out.print(i+", ");
[      ③     ]  f = i -> i%2==0;
[      ④     ]  f = i -> i/10*10;
```

1.4 java.util.function패키지(2/5)

▶ 매개변수가 2개인 함수형 인터페이스

함수형 인터페이스	메서드	설 명
BiConsumer<T,U>	T, U → void accept(T t, U u)	두개의 매개변수만 있고, 반환값이 없음
BiPredicate<T,U>	T, U → boolean test(T t, U u) → boolean	조건식을 표현하는데 사용됨. 매개변수는 둘, 반환값은 boolean
BiFunction<T,U,R>	T, U → R apply(T t, U u) → R	두 개의 매개변수를 받아서 하나의 결과를 반환

```java
@FunctionalInterface
interface TriFunction<T,U,V,R> {
    R apply(T t, U u, V v);
}
```

1.4 java.util.function패키지(3/5)

▶ 매개변수의 타입과 반환타입이 일치하는 함수형 인터페이스

함수형 인터페이스	메서드	설 명
UnaryOperator<T>	T → T apply(T t) → T	Function의 자손, Function과 달리 매개변수와 결과의 타입이 같다.
BinaryOperator<T>	T, T → T apply(T t, T t) → T	BiFunction의 자손, BiFunction과 달리 매개변수와 결과의 타입이 같다.

```java
@FunctionalInterface
public interface UnaryOperator<T> extends Function<T,T> {
    static <T> UnaryOperator<T> identity() {
        return t -> t;
    }
}
```

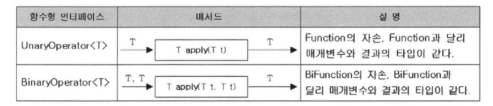

```java
@FunctionalInterface
public interface Function<T,R> {
    R apply(T t);
    ...
}
```

1.4   java.util.function패키지(4/5)

▶ 함수형 인터페이스를 사용하는 컬렉션 프레임웍의 메서드

인터페이스	메서드	설명
Collection	boolean removeIf(Predicate\<E> filter)	조건에 맞는 요소를 삭제
List	void replaceAll(UnaryOperator\<E> operator)	모든 요소를 변환하여 대체
Iterable	void forEach(Consumer\<T> action)	모든 요소에 작업 action을 수행
Map	V compute(K key, BiFunction\<K,V,V> f)	지정된 키의 값에 작업 f를 수행
	V computeIfAbsent(K key, Function\<K,V> f)	키가 없으면, 작업 f 수행 후 추가
	V computeIfPresent(K key, BiFunction\<K,V,V> f)	지정된 키가 있을 때,작업 f 수행
	V merge(K key, V value, BiFunction\<V,V,V> f)	모든 요소에 병합작업 f를 수행
	void forEach(BiConsumer\<K,V> action)	모든 요소에 작업 action을 수행
	void replaceAll(BiFunction\<K,V,V> f)	모든 요소에 치환작업 f를 수행

```
list.forEach(i->System.out.print(i+","));   // list의 모든 요소를 출력
list.removeIf(x-> x%2==0 || x%3==0);         // 2 또는 3의 배수를 제거
list.replaceAll(i->i*10);                    // 모든 요소에 10을 곱한다.

// map의 모든 요소를 {k,v}의 형식으로 출력
map.forEach((k,v)-> System.out.print("{"+k+","+v+"},"));
```

1.4   java.util.function패키지(5/5)

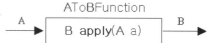

AToBFunction
A → B apply(A a) → B

▶ 기본형을 사용하는 함수형 인터페이스

함수형 인터페이스	메서드	설 명
DoubleToIntFunction	double → int **applyAsInt**(double d) → int	AToBFunction은 입력이 A타입 출력이 B타입
ToIntFunction\<T>	T → int **applyAsInt**(T value) → int	ToBFunction은 출력이 B타입이다. 입력은 지네릭 타입
IntFunction\<R>	int → R **apply**(int value) → R	AFunction은 입력이 A타입이고 출력은 지네릭 타입
ObjIntCunsumer\<T>	T, int → void **accept**(T t, int i)	ObjAFunction은 입력이 T, int 타입이고 출력은 없다.

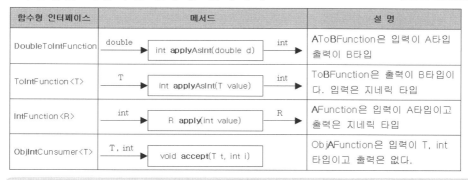

```
Supplier<Integer> s = ()->(int)(Math.random()*100)+1;

static <T> void makeRandomList(Supplier<T> s, List<T> list) {
    for(int i=0;i<10;i++)
        list.add(s.get()); // List<Integer> list = new ArrayList<>();
```

```
IntSupplier s = ()->(int)(Math.random()*100)+1;

static void makeRandomList(IntSupplier s, int[] arr) {
    for(int i=0;i<arr.length;i++)
        arr[i] = s.getAsInt();    // get()이 아니라 getAsInt()임에 주의
```

1.5 Function의 합성(1/2)

▶ Function타입의 두 람다식을 하나로 합성 - andThen( )

```
Function<String, Integer> f = (s) -> Integer.parseInt(s, 16); // s를 16진 정수로 변환
Function<Integer, String> g = (i) -> Integer.toBinaryString(i); // 2진 문자열로 변환
Function<String, String>  h =  f.andThen(g);    // f + g → h
```

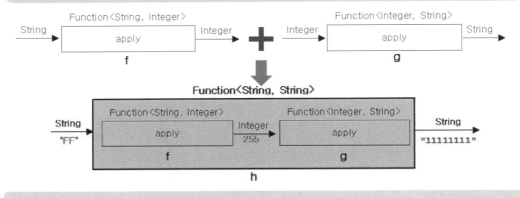

```
System.out.println(h.apply("FF")); // "FF" → 255 → "11111111"
```

1.5 Function의 합성(2/2)

▶ Function타입의 두 람다식을 하나로 합성 - compose( )

```
Function<Integer, String> g = (i) -> Integer.toBinaryString(i); // 2진 문자열로 변환
Function<String, Integer> f = (s) -> Integer.parseInt(s, 16);// s를 16진 정수로 변환
Function< Integer, Integer > h =  f.compose(g);    // g + f → h
```

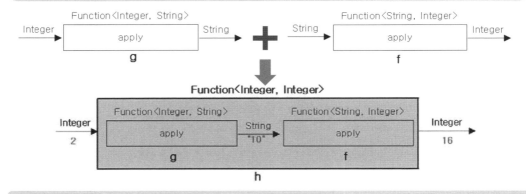

```
System.out.println(h.apply(2)); // 2 → "10" → 16
```

1.6 Predicate의 결합

▶ and(), or(), negate()로 두 Predicate를 하나로 결합(default메서드)

```
Predicate<Integer> p = i -> i < 100;
Predicate<Integer> q = i -> i < 200;
Predicate<Integer> r = i -> i%2 == 0;
```

```
Predicate<Integer> notP = p.negate();          // i >= 100
Predicate<Integer> all = notP.and(q).or(r);    // 100 <= i && i < 200 || i%2==0
Predicate<Integer> all2 = notP.and(q.or(r));   // 100 <= i && (i < 200 || i%2==0)
```

```
System.out.println(all.test(2));    // true
System.out.println(all2.test(2));   // false
```

▶ 등가비교를 위한 Predicate의 작성에는 isEqual()를 사용(static메서드)

```
Predicate<String> p = Predicate.isEqual(str1);  // isEquals()은 static메서드
Boolean result = p.test(str2);   // str1과 str2가 같은지 비교한 결과를 반환
```

```
boolean result = Predicate.isEqual(str1).test(str2);
```

1.7 메서드 참조(method reference)(1/2)

▶ 하나의 메서드만 호출하는 람다식은 '메서드 참조'로 간단히 할 수 있다.

종류	람다식	메서드 참조
static메서드 참조	(x) -> ClassName.method(x)	ClassName::method
인스턴스메서드 참조	(obj, x) -> obj.method(x)	ClassName::method
특정 객체 인스턴스메서드 참조	(x) -> obj.method(x)	obj::method

▶ static메서드 참조

```
Integer method(String s) {  // 그저 Integer.parseInt(String s)만 호출
    return Integer.parseInt(s);

}
```

```
int result = obj.method("123");
int result = Integer.parseInt("123");
```

```
Function<String, Integer> f = (String s) -> Integer.parseInt(s);
```

```
Function<String, Integer> f = Integer::parseInt;  // 메서드 참조
```

1.7 메서드 참조(method reference)(2/2)

▶ 인스턴스 메서드 참조

```
BiFunction<String,String,Boolean> f = (s1, s2) -> s1.equals(s2);
```

```
BiFunction<String,String,Boolean> f = String::equals;
```

▶ 특정 객체의 인스턴스 메서드 참조

```
MyClass obj = new MyClass();
Function<String, Boolean> f  = (x) -> obj.equals(x); // 람다식
Function<String, Boolean> f2 = obj::equals;                // 메서드 참조
```

▶ new연산자(생성자, 배열)와 메서드 참조

```
Supplier<MyClass> s = MyClass::new;                // () -> new MyClass()
Function<Integer, MyClass> f2 = MyClass::new; // (i) -> new MyClass(i)

Function<Integer, int[]> f2 = int[]::new;       // x -> new int[x];
```

2. 스트림(stream)

2.1 스트림(Stream)이란?

▶ **다양한 데이터 소스를 표준화된 방법으로 다루기 위한 것**

```
List<Integer> list = Arrays.asList(1,2,3,4,5);          Stream<T> Collection.stream()
Stream<Integer> intStream    = list.stream(); // 컬렉션.
Stream<String>  strStream    = Stream.of(new String[]{"a","b","c"}); // 배열
Stream<Integer> evenStream   = Stream.iterate(0, n->n+2);  // 0,2,4,6, ...
Stream<Double>  randomStream = Stream.generate(Math::random);     // 람다식
IntStream       intStream    = new Random().ints(5); // 난수 스트림(크기가 5)
```

▶ **스트림이 제공하는 기능 – 중간 연산과 최종 연산**

- 중간 연산 - 연산결과가 스트림인 연산. 반복적으로 적용가능
- 최종 연산 - 연산결과가 스트림이 아닌 연산. 스트림의 요소를 소모하므로 한번만 적용가능

```
stream.distinct().limit(5).sorted().forEach(System.out::println)
      중간 연산   중간 연산  중간 연산           최종 연산
```

```
String[] strArr = { "dd","aaa","CC","cc","b" };
Stream<String> stream = Stream.of(strArr); // 문자열 배열이 소스인 스트림
Stream<String> filteredStream  = stream.filter();   // 걸러내기(중간 연산)
Stream<String> distinctedStream = stream.distinct(); // 중복제거(중간 연산)
Stream<String> sortedStream     = stream.sort();      // 정렬(중간 연산)
Stream<String> limitedStream    = stream.limit(5); // 스트림 자르기(중간 연산)
int total = stream.count(); // 요소 개수 세기(최종연산)
```

2.2 스트림(Stream)의 특징(1/2)

▶ **스트림은 데이터 소스로부터 데이터를 읽기만할 뿐 변경하지 않는다.**

```
List<Integer> list = Arrays.asList(3,1,5,4,2);
List<Integer> sortedList = list.stream().sorted()    // list를 정렬해서
                    .collect(Collectors.toList()); // 새로운 List에 저장
System.out.println(list);       // [3, 1, 5, 4, 2]
System.out.println(sortedList); // [1, 2, 3, 4, 5]
```

▶ **스트림은 Iterator처럼 일회용이다.(필요하면 다시 스트림을 생성해야 함)**

```
strStream.forEach(System.out::println); // 모든 요소를 화면에 출력(최종연산)
int numOfStr = strStream.count();        // 에러. 스트림이 이미 닫혔음.
```

▶ **최종 연산 전까지 중간연산이 수행되지 않는다. – 지연된 연산**

```
IntStream intStream = new Random().ints(1,46);  // 1~45범위의 무한 스트림
intStream.distinct().limit(6).sorted()          // 중간 연산
       .forEach(i->System.out.print(i+",")); // 최종 연산
```

2.2 스트림(Stream)의 특징(2/2)

▶ 스트림은 작업을 내부 반복으로 처리한다.

```
for(String str : strList)
    System.out.println(str);                stream.forEach(System.out::println);
```

```
void forEach(Consumer<? super T> action)  {
        Objects.requireNonNull(action);  // 매개변수의 널 체크

        for(T t : src)  // 내부 반복(for문을 메서드 안으로 넣음)
            action.accept(T);
}
```

▶ 스트림의 작업을 병렬로 처리 – 병렬스트림

```
Stream<String> strStream = Stream.of("dd","aaa","CC","cc","b");
int sum = strStream.parallel() // 병렬 스트림으로 전환(속성만 변경)
                .mapToInt(s -> s.length()).sum(); // 모든 문자열의 길이의 합
```

▶ 기본형 스트림 – IntStream, LongStream, DoubleStream
  – 오토박싱&언박싱의 비효율이 제거됨(Stream<Integer>대신 IntStream사용)
  – 숫자와 관련된 유용한 메서드를 Stream<T>보다 더 많이 제공

2.3 스트림의 생성(1/3)

▶ 컬렉션으로부터 스트림 생성하기

```
List<Integer> list = Arrays.asList(1,2,3,4,5);
Stream<Integer> intStream = list.stream();// Stream<T> Collection.stream()
```

▶ 배열로부터 스트림 생성하기

```
Stream<String> strStream = Stream.of("a","b","c"); // 가변 인자
Stream<String> strStream = Stream.of(new String[]{"a","b","c"});
Stream<String> strStream = Arrays.stream(new String[]{"a","b","c"});
Stream<String> strStream = Arrays.stream(new String[]{"a","b","c"}, 0, 3);
```

▶ 특정 범위의 정수를 요소로 갖는 스트림 생성하기

```
IntStream intStream = IntStream.range(1, 5);        // 1,2,3,4
IntStream intStream = IntStream.rangeClosed(1, 5); // 1,2,3,4,5
```

2.3 스트림의 생성(2/3)

▶ 난수를 요소로 갖는 스트림 생성하기

```
IntStreamintStream = new Random().ints();         // 무한 스트림
intStream.limit(5).forEach(System.out::println); // 5개의 요소만 출력한다.

IntStream intStream = new Random().ints(5);  // 크기가 5인 난수 스트림을 반환
```

```
        Integer.MIN_VALUE <=  ints()  <= Integer.MAX_VALUE
           Long.MIN_VALUE <=  longs() <= Long.MAX_VALUE
                          0.0 <= doubles()< 1.0
```

* 지정된 범위의 난수를 요소로 갖는 스트림을 생성하는 메서드

```
IntStream      ints(int begin, int end)                 // 무한 스트림
LongStream     longs(long begin, long end)
DoubleStream   doubles(double begin, double end)

IntStream      ints(long streamSize, int begin, int end)    // 유한 스트림
LongStream     longs(long streamSize, long begin, long end)
DoubleStream   doubles(long streamSize, double begin, double end)
```

2.3 스트림의 생성(3/3)

▶ 람다식을 소스로 하는 스트림 생성하기

```
static <T> Stream<T> iterate(T seed,UnaryOperator<T> f) // 이전 요소에 종속적
static <T> Stream<T> generate(Supplier<T> s)            // 이전 요소에 독립적
```

```
Stream<Integer> evenStream   = Stream.iterate(0, n->n+2); // 0,2,4,6, ...

Stream<Double>  randomStream = Stream.generate(Math::random);
Stream<Integer> oneStream    = Stream.generate(()->1);
```

▶ 파일을 소스로 하는 스트림 생성하기

```
Stream<Path>   Files.list(Path dir)    // Path는 파일 또는 디렉토리
```

```
Stream<String> Files.lines(Path path)
Stream<String> Files.lines(Path path, Charset cs)
Stream<String> lines() // BufferedReader클래스의 메서드
```

2.4 스트림의 중간연산(1/6)

▶ 스트림 자르기 – skip( ), limit( )

```
IntStream skip(long n)
IntStream limit(long maxSize)
```

```
Stream<T> skip(long n)          // 앞에서부터 n개 건너뛰기
Stream<T> limit(long maxSize)   // maxSize 이후의 요소는 잘라냄
```

```
IntStream intStream = IntStream.rangeClosed(1, 10);      // 12345678910
intStream.skip(3).limit(5).forEach(System.out::print);   // 45678
```

▶ 스트림의 요소 걸러내기 – filter( ), distinct( )

```
Stream<T> filter(Predicate<? super T> predicate) // 조건에 맞지 않는 요소 제거
Stream<T> distinct()                             // 중복제거
```

```
IntStream intStream = IntStream.of(1,2,2,3,3,3,4,5,5,6);
intStream.distinct().forEach(System.out::print);         // 123456
```

```
IntStream intStream = IntStream.rangeClosed(1, 10);      // 12345678910
intStream.filter(i->i%2==0).forEach(System.out::print);  // 246810
```

```
intStream.filter(i->i%2!=0 && i%3!=0).forEach(System.out::print);
intStream.filter(i->i%2!=0).filter(i->i%3!=0).forEach(System.out::print);
```

2.4 스트림의 중간연산(2/6)

▶ 스트림 정렬하기 – sorted( )

```
Comparator<String> CASE_INSENSITIVE_ORDER
                 = new CaseInsensitiveComparator();
```

```
Stream<T> sorted()                                  // 스트림 요소의 기본 정렬(Comparable)로 정렬
Stream<T> sorted(Comparator<? super T> comparator)  //지정된 Comparator로 정렬
```

문자열 스트림 정렬 방법 Stream<String> strStream = Stream.of("dd","aaa","CC","cc","b");	출력결과

strStream.sorted()   // 기본 정렬
strStream.sorted(Comparator.naturalOrder())   // 기본 정렬
strStream.sorted((s1, s2) -> s1.compareTo(s2)); // 람다식도 가능
strStream.sorted(String::compareTo);   // 위의 문장과 동일
	CCaaabccdd

strStream.sorted(Comparator.reverseOrder())   // 기본 정렬의 역순
strStream.sorted(Comparator.<String>naturalOrder().reversed())
	ddccbaaaCC

strStream.sorted(String.CASE_INSENSITIVE_ORDER) // 대소문자 구분안함	aaabCCccdd
strStream.sorted(String.CASE_INSENSITIVE_ORDER.reversed()) //오타 아님→	ddCCccbaaa

strStream.sorted(Comparator.comparing(String::length))   // 길이 순 정렬
strStream.sorted(Comparator.comparingInt(String::length)) // no오토박싱
	bddCCccaaa

strStream.sorted(Comparator.comparing(String::length).reversed())	aaaddCCccb

```
studentStream.sorted(Comparator.comparing(Student::getBan    // 반별로 정렬
             .thenComparing(Student::getTotalScore)          // 총점별로 정렬
             .forEach(Sysetm.out::println);
```

2.4 스트림의 중간연산(3/6)

▶ 스트림의 요소 변환하기 – map( )

```
Stream<R> map(Function<? super T,? extends R> mapper) //Stream<T>→Stream<R>
```

```
Stream<File> fileStream = Stream.of(new File("Ex1.java"), new File("Ex1")
        new File("Ex1.bak"), new File("Ex2.java"), new File("Ex1.txt"));

Stream<String> filenameStream = fileStream.map(File::getName);
filenameStream.forEach(System.out::println); // 스트림의 모든 파일의 이름을 출력
```

$$\text{Stream<File>} \xrightarrow{\text{map(File::getName)}} \text{Stream<String>}$$

ex) 파일 스트림(Stream<File>)에서 파일 확장자(대문자)를 중복없이 뽑아내기

```
fileStream.map(File::getName)                     // Stream<File> → Stream<String>
    .filter(s->s.indexOf('.')!=-1)                // 확장자가 없는 것은 제외
    .map(s->s.substring(s.indexOf('.')+1))        // Stream<String>→Stream<String>
    .map(String::toUpperCase)                     // Stream<String>→Stream<String>
    .distinct() // 중복 제거
    .forEach(System.out::print); // JAVABAKTXT
```

497

2.4 스트림의 중간연산(4/6)

▶ 스트림을 기본 스트림으로 변환 – mapToInt( ), mapToLong( ), mapToDouble( )

```
IntStream      mapToInt(ToIntFunction<? super T> mapper)       // Stream<T>→IntStream
LongStream     mapToLong(ToLongFunction<? super T> mapper)     // Stream<T>→LongStream
DoubleStream   mapToDouble(ToDoubleFunction<? super T> mapper) // Stream<T>→DoubleStream
```

```
Stream<Integer> studentScoreStream = stuStream.map(Student::getTotalScore);
int sum = studentScoreStream.reduce(0, (a,b)-> a+b);
```

⬇

```
IntStream studentScoreStream = studentStream.mapToInt(Student::getTotalScore);
int allTotalScore = studentScoreStream.sum(); // IntStream의 sum()
```

```
int            sum()
OptionalInt    max()
OptionalInt    min()
OptionalDouble average()
```

▶ 기본 스트림을 스트림으로 변환 – mapToObj( ), boxed( )

```
Stream<T>  mapToObj(IntFunction<? extends T> mapper) // IntStream → Stream<T>
Stream<Integer>  boxed()                             // IntStream → Stream<Integer>
```

```
IntStream intStream = new Random().ints(1,46); // 1~45사이의 정수(46은 포함안됨)
Stream<Integer> integerStream = intStream.boxed();     // IntStream → Stream<Integer>
Stream<String> lottoStream = intStream.distinct().limit(6).sorted()
                                .mapToObj(i -> i+","); // IntStream → Stream<String>
lottoStream.forEach(System.out::print); // 12,14,20,23,26,29,
```

498

2.4 스트림의 중간연산(5/6)

▶ 스트림의 스트림을 스트림으로 변환 - flatMap( )

```
Stream<String[]> strArrStrm = Stream.of(new String[]{"abc", "def", "ghi"  },
                                         new String[]{"ABC", "GHI", "JKLMN"});
```

```
Stream<Stream<String>> strStrStrm = strArrStrm.map(Arrays::stream);
```

Stream<String[]>

| {"aaa", "bbb"} | {"abc", "ABC"} | {"ccc", "ddd"} | ... |

⬇ map(Arrays::stream)

Stream<Stream<String>>

Stream<String>	Stream<String>	Stream<String>
"aaa" "bbb"	"abc" "ABC"	"ccc" "ddd" ...

```
Stream<String> strStrStrm = strArrStrm.flatMap(Arrays::stream); // Arrays.stream(T[])
```

Stream<String[]>

| {"aaa", "bbb"} | {"abc", "ABC"} | {"ccc", "ddd"} | ... |

⬇ flatMap(Arrays::stream)

Stream<String>

| "aaa" | "bbb" | "abc" | "ABC" | "ccc" | "ddd" | ... |

2.4 스트림의 중간연산(6/6)

▶ 스트림의 요소를 소비하지 않고 엿보기 - peek( )

```
Stream<T>   peek(Consumer<? super T> action)      // 중간 연산(스트림을 소비X)
void        forEach(Consumer<? super T> action)   // 최종 연산(스트림을 소비O)
```

```
fileStream.map(File::getName) // Stream<File> → Stream<String>
    .filter(s -> s.indexOf('.')!=-1) // 확장자가 없는 것은 제외
    .peek(s->System.out.printf("filename=%s%n", s)) // 파일명을 출력한다.
    .map(s -> s.substring(s.indexOf('.')+1)) // 확장자만 추출
    .peek(s->System.out.printf("extension=%s%n", s)) // 확장자를 출력한다.
    .forEach(System.out::println); // 최종연산 스트림을 소비.
```

2.5 Optional\<T\>과 OptionalInt(1/2)

▶ 'T' 타입 객체의 래퍼클래스 – Optional\<T\>

```
public final class Optional<T> {
    private final T value
    ...
}
```

```
String str = "abc";
Optional<String> optVal = Optional.of(str);
Optional<String> optVal = Optional.of("abc");
Optional<String> optVal = Optional.of(null);           // NullPointerException발생
Optional<String> optVal = Optional.ofNullable(null); // OK
```

▶ Optional객체의 값 가져오기 – get( ), orElse( ), orElseGet( ), orElseThrow( )

```
Optional<String> optVal = Optional.of("abc");
String str1 = optVal.get();                           // optVal에 저장된 값을 반환. null이면 예외발생
String str2 = optVal.orElse("");                      // optVal에 저장된 값이 null일 때는, ""를 반환
String str3 = optVal.orElseGet(String::new); // 람다식 사용가능 () -> new String()
String str4 = optVal.orElseThrow(NullPointerException::new); // 널이면 예외발생
```

```
T orElseGet(Supplier<? extends T> other)
T orElseThrow(Supplier<? extends X> exceptionSupplier)
```

▶ isPresent() – Optional객체의 값이 null이면 false, 아니면 true를 반환

```
if(Optional.ofNullable(str).isPresent()) {  // if(str!=null) {
    System.out.println(str);
}
```

```
// ifPresnt(Consumer) - 널이 아닐때만 작업 수행, 널이면 아무 일도 안 함
Optional.ofNullable(str).ifPresent(System.out::println);
```

2.5 Optional\<T\>과 OptionalInt(2/2)

▶ 기본형 값을 감싸는 래퍼클래스 – OptionalInt, OptionalLong, OptionalDouble

```
public final class OptionalInt {
    ...
    private final boolean isPresent; // 값이 저장되어 있으면 true
    private final int value; // int타입의 변수
```

▶ OptionalInt의 값 가져오기 – int getAsInt( )

Optional클래스	값을 반환하는 메서드
Optional\<T\>	T get()
OptionalInt	int getAsInt()
OptionalLong	long getAsLong()
OptionalDouble	double getAsDouble()

▶ 빈 Optional객체의 비교

```
OptionalInt opt1 = OptionalInt.of(0);   // OptionalInt에 0을 저장
OptionalInt opt2 = OptionalInt.empty(); // 빈 OptionalInt객체. OptionalInt에 0이 저장됨
Optional<String> opt3 = Optional.ofNullable(null);  // null이 저장된 Optional객체
Optional<String> opt4 = Optional.empty();           // 빈 Optional객체. null이 저장됨
System.out.println(opt1.equals(opt2)); // false
System.out.println(opt3.equals(opt4)); // true
```

2.6 스트림의 최종연산(1/4)

▶ 스트림의 모든 요소에 지정된 작업을 수행 - forEach( ), forEachOrdered( )

```
void   forEach(Consumer<? super T> action)        // 병렬스트림인 경우 순서가 보장되지 않음
void   forEachOrdered(Consumer<? super T> action)  // 병렬스트림인 경우에도 순서가 보장됨
```

```
IntStream.range(1, 10).sequential().forEach(System.out::print);        // 123456789
IntStream.range(1, 10).sequential().forEachOrdered(System.out::print); // 123456789
```

```
IntStream.range(1, 10).parallel().forEach(System.out::print);          // 683295714
IntStream.range(1, 10).parallel().forEachOrdered(System.out::print);   // 123456789
```

▶ 스트림을 배열로 변환 - toArray( )

```
Object[]   toArray()                                // 스트림의 모든 요소를 Object배열에 담아 반환
A[]        toArray(IntFunction<A[]> generator)      // 스트림의 모든 요소를 A타입의 배열에 담아 반환
```

```
Student[] stuNames = studentStream.toArray(Student[]::new); // OK. x-> new Student[x]
Student[] stuNames = studentStream.toArray(); // 에러.
Object[]  stuNames = studentStream.toArray(); // OK.
```

2.6 스트림의 최종연산(2/4)

▶ 조건 검사 - allMatch( ), anyMatch( ), noneMatch( )

```
boolean allMatch (Predicate<? super T> predicate) // 모든 요소가 조건을 만족시키면 true
boolean anyMatch (Predicate<? super T> predicate) // 한 요소라도 조건을 만족시키면 true
boolean noneMatch(Predicate<? super T> predicate) // 모든 요소가 조건을 만족시키지 않으면 true
```

```
boolean hasFailedStu = stuStream.anyMatch(s-> s.getTotalScore()<=100); // 낙제자가 있는지?
```

▶ 조건에 일치하는 요소 찾기 - findFirst( ) , findAny( )

```
Optional<T> findFirst()        // 첫 번째 요소를 반환. 순차 스트림에 사용
Optional<T> findAny()          // 아무거나 하나를 반환. 병렬 스트림에 사용
```

```
Optional<Student> result = stuStream.filter(s-> s.getTotalScore() <= 100).findFirst();
Optional<Student> result = parallelStream.filter(s-> s.getTotalScore() <= 100).findAny();
```

2.6 스트림의 최종연산(3/4)

▶ 스트림에 대한 통계정보 제공 – count( ), sum( ), average( ), max( ), min( )

```
Stream<T>

long        count()
Optional<T> max(Comparator<? super T> comparator)
Optional<T> min(Comparator<? super T> comparator)
```

```
IntStream

long                   count()
Int                    sum()
OptionalDouble         average()
OptionalInt            max()
OptionalInt            min()
IntSummaryStatistics   summaryStatistics()
```

```
double getAverage()
long   getCount()
int    getMax()
int    getMin()
long   getSum()

                 IntSummaryStatistics
```

2.6 스트림의 최종연산(4/4)

▶ 스트림의 요소를 하나씩 줄여가며 누적연산 수행 – reduce( )

```
Optional<T> reduce(BinaryOperator<T> accumulator)
T           reduce(T identity, BinaryOperator<T> accumulator)
U           reduce(U identity, BiFunction<U,T,U> accumulator, BinaryOperator<U> combiner)
```

- identity   - 초기값
- accumulator   - 이전 연산결과와 스트림의 요소에 수행할 연산
- combiner   - 병렬처리된 결과를 합치는데 사용할 연산(병렬 스트림)

```
int a = identity;

for(int b : stream)
        a = a + b;  // sum()
```

```
// int reduce(int identity, IntBinaryOperator op)
int count = intStream.reduce(0, (a,b) -> a + 1);                    // count()
int sum   = intStream.reduce(0, (a,b) -> a + b);                    // sum()
int max   = intStream.reduce(Integer.MIN_VALUE,(a,b)-> a > b ? a : b); // max()
int min   = intStream.reduce(Integer.MAX_VALUE,(a,b)-> a < b ? a : b); // min()
```

```
// OptionalInt reduce(IntBinaryOperator accumulator)
OptionalInt max = intStream.reduce((a,b) -> a > b ? a : b); // max()
OptionalInt min = intStream.reduce((a,b) -> a < b ? a : b); // min()
```

```
OptionalInt max = intStream.reduce(Integer::max); // static int max(int a, int b)
OptionalInt min = intStream.reduce(Integer::min); // static int min(int a, int b)
```

2.7   collect(), Collector, Collectors

▶ collect()는 Collector를 매개변수로 하는 스트림의 최종연산

```
Object collect(Collector collector) // Collector를 구현한 클래스의 객체를 매개변수로
Object collect(Supplier supplier, BiConsumer accumulator, BiConsumer combiner) // 잘 안쓰임
```

▶ Collector는 수집(collect)에 필요한 메서드를 정의해 놓은 인터페이스

```
public interface Collector<T, A, R> {  // T(요소)를 A에 누적한 다음, 결과를 R로 변환해서 반환
   Supplier<A>              supplier();         // StringBuilder::new          누적할 곳
   BiConsumer<A, T>         accumulator();      // (sb, s) -> sb.append(s)     누적방법
   BinaryOperator<A>        combiner();         // (sb1, sb2) -> sb1.append(sb2) 결합방법(병렬)
   Function<A, R>           finisher();         // sb -> sb.toString()         최종변환
   Set<Characteristics>  characteristics(); // 컬렉터의 특성이 담긴 Set을 반환
    ...
}
```

▶ Collectors클래스는 다양한 기능의 컬렉터(Collector를 구현한 클래스)를 제공

```
· 변환 - mapping(), toList(), toSet(), toMap(), toCollection(), …
· 통계 - counting(), summingInt(), averagingInt(), maxBy(), minBy(), summarizingInt(), …
· 문자열 결합 - joining()
· 리듀싱 - reducing()
· 그룹화와 분할 - groupingBy(), partitioningBy(), collectingAndThen()
```

2.8   Collectors의 메서드(1/4)

▶ 스트림을 컬렉션으로 변환 – toList( ), toSet( ), toMap( ), toCollection( )

```
List<String> names = stuStream.map(Student::getName)  // Stream<Student>→Stream<String>
                    .collect(Collectors.toList()); // Stream<String>→List<String>
ArrayList<String> list = names.stream()
  .collect(Collectors.toCollection(ArrayList::new)); // Stream<String>→ArrayList<String>

Map<String,Person> map = personStream
  .collect(Collectors.toMap(p->p.getRegId(), p->p));// Stream<Person>→Map<String,Person>
```

▶ 스트림의 통계정보 제공 – counting( ), summingInt( ), maxBy( ), minBy( ), …

```
long count = stuStream.count();
long count = stuStream.collect(counting()); // Collectors.counting()
```

```
long totalScore = stuStream.mapToInt(Student::getTotalScore).sum();  // IntStream의 sum()
long totalScore = stuStream.collect(summingInt(Student::getTotalScore));
```

```
OptionalInt topScore = studentStream.mapToInt(Student::getTotalScore).max();
Optional<Student> topStudent = stuStream
                    .max(Comparator.comparingInt(Student::getTotalScore));
Optional<Student> topStudent = stuStream
            .collect(maxBy(Comparator.comparingInt(Student::getTotalScore)));
```

2.8 Collectors의 메서드(2/4)

▶ 스트림을 리듀싱 – reducing( )

```
Collector reducing(BinaryOperator<T> op)
Collector reducing(T identity, BinaryOperator<T> op)
Collector reducing(U identity, Function<T,U> mapper, BinaryOperator<U> op) // map+reduce
```

```
IntStream intStream = new Random().ints(1,46).distinct().limit(6);

OptionalInt       max = intStream.reduce(Integer::max);
Optional<Integer> max = intStream.boxed().collect(reducing(Integer::max));
```

```
long sum = intStream.reduce(0, (a,b) -> a + b);
long sum = intStream.boxed().collect(reducing(0, (a,b)-> a + b));
```

```
int grandTotal = stuStream.map(Student::getTotalScore).reduce(0, Integer::sum);
int grandTotal = stuStream.collect(reducing(0, Student::getTotalScore, Integer::sum));
```

▶ 문자열 스트림의 요소를 모두 연결 – joining ( )

```
String studentNames = stuStream.map(Student::getName).collect(joining());
String studentNames = stuStream.map(Student::getName).collect(joining(",")); // 구분자
String studentNames = stuStream.map(Student::getName).collect(joining(",", "[", "]"));
String studentInfo  = stuStream.collect(joining(",")); // Student의 toString()으로 결합
```

2.8 Collectors의 메서드(3/4)

▶ 스트림의 요소를 2분할 – partitioningBy( )

```
Collector partitioningBy(Predicate predicate)
Collector partitioningBy(Predicate predicate, Collector downstream)
```

```
Map<Boolean, List<Student>> stuBySex = stuStream
                .collect(partitioningBy(Student::isMale)); // 학생들을 성별로 분할
List<Student> maleStudent   = stuBySex.get(true);  // Map에서 남학생 목록을 얻는다.
List<Student> femaleStudent = stuBySex.get(false); // Map에서 여학생 목록을 얻는다.
```

```
Map<Boolean, Long> stuNumBySex = stuStream
                .collect(partitioningBy(Student::isMale, counting())); // 분할 + 통계
System.out.println("남학생 수 :"+ stuNumBySex.get(true));  // 남학생 수 :8
System.out.println("여학생 수 :"+ stuNumBySex.get(false)); // 여학생 수 :10
```

```
Map<Boolean, Optional<Student>> topScoreBySex = stuStream              // 분할 + 통계
  .collect(partitioningBy(Student::isMale, maxBy(comparingInt(Student::getScore))));
System.out.println("남학생 1등 :"+ topScoreBySex.get(true));  // 남학생 1등 :Optional[[나자바,남, 1, 1,300]]
System.out.println("여학생 1등 :"+ topScoreBySex.get(false)); //여학생 1등 :Optional[[김지미,여, 1, 1,250]]
```

```
Map<Boolean, Map<Boolean, List<Student>>> failedStuBySex = stuStream        // 다중 분할
.collect(partitioningBy(Student::isMale,                  // 1. 성별로 분할(남/녀)
        partitioningBy(s -> s.getScore() < 150)));        // 2. 성적으로 분할(불합격/합격)
List<Student> failedMaleStu   = failedStuBySex.get(true).get(true);
List<Student> failedFemaleStu = failedStuBySex.get(false).get(true);
```

2.8 Collectors의 메서드(4/4)

▶ 스트림의 요소를 그룹화 – groupingBy( )

```
Collector groupingBy(Function classifier)
Collector groupingBy(Function classifier, Collector downstream)
Collector groupingBy(Function classifier, Supplier mapFactory, Collector downstream)
```

```
Map<Integer, List<Student>> stuByBan = stuStream              // 학생을 반별로 그룹화
          .collect(groupingBy(Student::getBan, toList())); // toList() 생략가능
```

```
Map<Integer, Map<Integer, List<Student>>> stuByHakAndBan = stuStream  // 다중 그룹화
          .collect(groupingBy(Student::getHak,                       // 1. 학년별 그룹화
                  groupingBy(Student::getBan)                        // 2. 반별 그룹화
          ));
```

```
Map<Integer, Map<Integer, Set<Student.Level>>> stuByHakAndBan = stuStream
.collect(
    groupingBy(Student::getHak, groupingBy(Student::getBan,   // 다중 그룹화(학년별, 반별)
        mapping(s-> {    // 성적등급(Level)으로 변환.  List<Student> → Set<Student.Level>
              if     (s.getScore() >= 200) return Student.Level.HIGH;
              else if(s.getScore() >= 100) return Student.Level.MID;
              else                         return Student.Level.LOW;
        } , toSet())  // mapping()                     // enum Level { HIGH, MID, LOW }
    )) // groupingBy()
); // collect()
```

2.9 Collector 구현하기

▶ Collector인터페이스를 구현하는 클래스를 작성

```
public interface Collector<T, A, R> {  // T(요소)를 A에 누적한 다음, 결과를 R로 변환해서 반환
   Supplier<A>             supplier();         // 결과를 저장할 공간(A)을 제공
   BiConsumer<A, T>        accumulator();      // 스트림의 요소(T)를 수집(collect)할 방법을 제공
   BinaryOperator<A>       combiner();         // 두 저장공간(A)을 병합할 방법을 제공(병렬 스트림)
   Function<A, R>          finisher();         // 최종변환(A → R). 변환할 필요가 없는 경우, x->x
   Set<Characteristics>    characteristics();  // 컬렉터의 특성이 담긴 Set을 반환
   ...
}
```

▶ 컬렉터가 수행할 작업의 속성 정보를 제공 – characteristics()

```
Characteristics.CONCURRENT           병렬로 처리할 수 있는 작업
Characteristics.UNORDERED            스트림의 요소의 순서가 유지될 필요가 없는 작업
Characteristics.IDENTITY_FINISH      finisher()가 항등 함수인 작업
```

```
public Set<Characteristics> characteristics() {
    return Collections.unmodifiableSet(EnumSet.of(
            Collector.Characteristics.CONCURRENT, Collector.Characteristics.UNORDERED
        ));
}
```

```
Set<Characteristics> characteristics() {
    return Collections.emptySet(); // 지정할 특성이 없으면 빈 Set을 반환
}
```

2.9 Collector 구현하기 – example

▶ 문자열 스트림의 모든 요소를 연결하는 컬렉터 - ConcatCollector

```java
class ConcatCollector implements Collector<String, StringBuilder, String>
{
    public Supplier<StringBuilder> supplier() {
        return () -> new StringBuilder();  // return StringBuilder::new;
    }

    public BiConsumer<StringBuilder, String> accumulator() {
        return (sb,s) -> sb.append(s);
    }

    public Function<StringBuilder, String> finisher() {
        return sb -> sb.toString();
    }

    public BinaryOperator<StringBuilder> combiner() {
        return (sb, sb2) -> sb.append(sb2);
    }

    public Set<Characteristics> characteristics() {
        return Collections.emptySet();
    }
}
```

```
String[] strArr = {"aaa","bbb","ccc" };
// supplier()
StringBuffer sb = new StringBuffer();

for(String tmp : strArr)
    sb.append(tmp); // accumulator()
// finisher()
String result = sb.toString();
```

```java
public static void main(String[] args) {
    String[] strArr = { "aaa","bbb","ccc" };
    Stream<String> strStream = Stream.of(strArr);
    String result = strStream.collect(new ConcatCollector());
    System.out.println("result="+result); // result=aaabbbccc
}
```

513

2.10 스트림의 변환(1/2)

from	to		변환 메서드
1. 스트림 → 기본형 스트림			
Stream<T>	IntStream		mapToInt(ToIntFunction<T> mapper)
	LongStream		mapToLong(ToLongFunction<T> mapper)
	DoubleStream		mapToDouble(ToDoubleFunction<T> mapper)
2. 기본형 스트림 → 스트림			
IntStream LongStream DoubleStream	Stream<Integer> Stream<Long> Stream<Double>		boxed()
	Stream<U>		mapToObj(DoubleFunction<U> mapper)
3. 기본형 스트림 → 기본형 스트림			
IntStream LongStream DoubleStream	LongStream DoubleStream		asLongStream() asDoubleStream()
4. 스트림 → 부분 스트림			
Stream<T>	Stream<T>		skip(long n)
IntStream	IntStream		limit(long maxSize)
5. 두 개의 스트림 → 스트림			
Stream<T>, Stream<T>		Stream<T>	concat(Stream<T> a, Stream<T> b)
IntStream, IntStream		IntStream	concat(IntStream a, IntStream b)
LongStream, LongStream		LongStream	concat(LongStream a, LongStream b)
DoubleStream, DoubleStream		DoubleStream	concat(DoubleStream a, DoubleStream b)
6. 스트림의 스트림 → 스트림			
Stream<Stream<T>>		Stream<T>	flatMap(Function mapper)
Stream<IntStream>		IntStream	flatMapToInt(Function mapper)
Stream<LongStream>		LongStream	flatMapToLong(Function mapper)
Stream<DoubleStream>		DoubleStream	flatMapToDouble(Function mapper)

514

2.10 스트림의 변환(2/2)

from	to	변환 메서드
7. 스트림 ↔ 병렬 스트림		

Stream⟨T⟩
IntStream
LongStream
DoubleStream
	Stream⟨T⟩
	IntStream
	LongStream
	DoubleStream
		parallel() // 스트림 → 병렬 스트림
		sequential() // 병렬 스트림 → 스트림

8. 스트림 → 컬렉션		
Stream⟨T⟩ IntStream LongStream DoubleStream	Collection⟨T⟩	collect(Collectors.toCollection(Supplier factory))
	List⟨T⟩	collect(Collectors.toList())
	Set⟨T⟩	collect(Collectors.toSet())
9. 컬렉션 → 스트림		
Collection⟨T⟩ List⟨T⟩ Set⟨T⟩	Stream⟨T⟩	stream()
10. 스트림 → Map		
Stream⟨T⟩ IntStream LongStream DoubleStream	Map⟨K,V⟩	collect(Collectors.toMap(Function key, Function value)) collect(Collectors.toMap(Function, Function, BinaryOperator)) collect(Collectors.toMap(Function, Function, BinaryOperator merge, Supplier mapSupplier))
11. 스트림 → 배열		
Stream⟨T⟩	Object[]	toArray()
	T []	toArray(IntFunction⟨A []⟩ generator)
IntStream LongStream DoubleStream	int[] long[] double[]	toArray()

= *Memo* =

Java의 정석

제 15 장
입출력(I/O)

---

1. 입출력(I/O)

1.1 입출력(I/O)과 스트림(stream)

▶ 입출력(I/O)이란?

- 입력(Input)과 출력(Output)을 줄여 부르는 말
- 두 대상 간의 데이터를 주고 받는 것

▶ 스트림(stream)이란?

- 데이터를 운반(입출력)하는데 사용되는 연결통로
- 연속적인 데이터의 흐름을 물(stream)에 비유해서 붙여진 이름
- 하나의 스트림으로 입출력을 동시에 수행할 수 없다.(단방향 통신)
- 입출력을 동시에 수행하려면, 2개의 스트림이 필요하다.

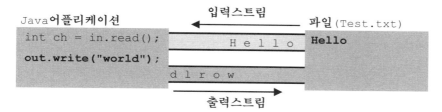

1.2 바이트기반 스트림 – InputStream, OutputStream

- 데이터를 바이트(byte)단위로 주고 받는다.

InputStream	OutputStream
abstract int read()	abstract void write(int b)
int read(byte[] b)	void write(byte[] b)
int read(byte[] b, int off, int len)	void write(byte[] b, int off, int len)

```
public abstract class InputStream {
    ...
    // 입력스트림으로 부터 1 byte를 읽어서 반환한다. 읽을 수 없으면 -1을 반환한다.
    abstract int read();

    // 입력스트림으로부터 len개의 byte를 읽어서 byte배열 b의 off위치부터 저장한다.
    int read(byte[] b, int off, int len) {
        ...
        for(int i=off; i < off + len; i++) {
            // read()를 호출해서 데이터를 읽어서 배열
            b[i] = (byte)read();
        }
        ...
    }
    // 입력스트림으로부터 byte배열 b의 크기만큼 데이터를 읽어서 배열 b에 저장한다.
    int read(byte[] b) {
        return read(b, 0, b.length);
    }
    ...
```

입력스트림	출력스트림	대상
FileInputStream	FileOutputStream	파일
ByteArrayInputStream	ByteArrayOutputStream	메모리
PipedInputStream	PipedOutputStream	프로세스
AudioInputStream	AudioOutputStream	오디오장치

1.3 보조스트림

- 스트림의 기능을 향상시키거나 새로운 기능을 추가하기 위해 사용
- 독립적으로 입출력을 수행할 수 없다.

```
// 먼저 기반스트림을 생성한다.
FileInputStream fis = new FileInputStream("test.txt");
// 기반스트림을 이용해서 보조스트림을 생성한다.
BufferedInputStream bis = new BufferedInputStream(fis);

bis.read();   // 보조스트림인 BufferedInputStream으로부터 데이터를 읽는다.
```

입력	출력	설명
FilterInputStream	FilterOutputStream	필터를 이용한 입출력 처리
BufferedInputStream	BufferedOutputStream	버퍼를 이용한 입출력 성능향상
DataInputStream	DataOutputStream	int, float와 같은 기본형 단위(primitive type)로 데이터를 처리하는 기능
SequenceInputStream	없음	두 개의 스트림을 하나로 연결
LineNumberInputStream	없음	읽어 온 데이터의 라인 번호를 카운트 (JDK1.1부터 LineNumberReader로 대체)
ObjectInputStream	ObjectOutputStream	데이터를 객체단위로 읽고 쓰는데 사용. 주로 파일을 이용하며 객체 직렬화와 관련있음
없음	PrintStream	버퍼를 이용하며, 추가적인 print관련 기능(print, printf, println메서드)
PushbackInputStream	없음	버퍼를 이용해서 읽어 온 데이터를 다시 되돌리는 기능 (unread, push back to buffer)

1.4 문자기반 스트림 – Reader, Writer

- 입출력 단위가 문자(char, 2 byte)인 스트림. 문자기반 스트림의 최고조상

바이트기반 스트림	문자기반 스트림	대상
FileInputStream FileOutputStream	FileReader FileWriter	파일
ByteArrayInputStream ByteArrayOutputStream	CharArrayReader CharArrayWriter	메모리
PipedInputStream PipedOutputStream	PipedReader PipedWriter	프로세스
StringBufferInputStream StringBufferOutputStream	StringReader StringWriter	메모리

바이트기반 보조스트림	문자기반 보조스트림
BufferedInputStream BufferedOutputStream	BufferedReader BufferedWriter
FilterInputStream FilterOutputStream	FilterReader FilterWriter
LineNumberInputStream	LineNumberReader
PrintStream	PrintWriter
PushbackInputStream	PushbackReader

InputStream ――――▶ Reader
OutputStream ――――▶ Writer

InputStream	Reader
abstract int read() int read(byte[] b) int read(byte[] b, int off, int len)	int read() int read(char[] cbuf) abstract int read(char[] cbuf, int off, int len)
OutputStream	**Writer**
abstract void write(int b) void write(byte[] b) void write(byte[] b, int off, int len)	void write(int c) void write(char[] cbuf) abstract void write(char[] cbuf, int off, int len) void write(String str) void write(String str, int off, int len)

2. 바이트기반 스트림

2.1 InputStream과 OutputStream

▶ **InputStream(바이트기반 입력스트림의 최고 조상)의 메서드**

메서드명	설 명
int available()	스트림으로부터 읽어 올 수 있는 데이터의 크기를 반환한다.
void close()	스트림을 닫음으로써 사용하고 있던 자원을 반환한다.
void mark(int readlimit)	현재위치를 표시해 놓는다. 후에 reset()에 의해서 표시해 놓은 위치로 다시 돌아갈 수 있다. readlimit은 되돌아갈 수 있는 byte의 수이다.
boolean markSupported()	mark()와 reset()을 지원하는지를 알려 준다. mark()와 reset()기능을 지원하는 것은 선택적이므로, mark()와 reset()을 사용하기 전에 markSupported()를 호출해서 지원여부를 확인해야한다.
abstract int read()	1 byte를 읽어 온다(0~255사이의 값). 더 이상 읽어 올 데이터가 없으면 -1을 반환한다. abstract메서드라서 InputStream의 자손들은 자신의 상황에 알맞게 구현해야한다.
int read(byte[] b)	배열 b의 크기만큼 읽어서 배열을 채우고 읽어 온 데이터의 수를 반환한다. 반환하는 값은 항상 배열의 크기보다 작거나 같다.
int read(byte[] b, int off, int len)	최대 len개의 byte를 읽어서, 배열 b의 지정된 위치(off)부터 저장한다. 실제로 읽어 올 수 있는 데이터가 len개보다 적을 수 있다.
void reset()	스트림에서의 위치를 마지막으로 mark()이 호출되었던 위치로 되돌린다.
long skip(long n)	스트림에서 주어진 길이(n)만큼을 건너뛴다.

▶ **OutputStream(바이트기반 출력스트림의 최고 조상)의 메서드**

메서드명	설 명
void close()	입력소스를 닫음으로써 사용하고 있던 자원을 반환한다.
void flush()	스트림의 버퍼에 있는 모든 내용을 출력소스에 쓴다.
abstract void write(int b)	주어진 값을 출력소스에 쓴다.
void write(byte[] b)	주어진 배열 b에 저장된 모든 내용을 출력소스에 쓴다.
void write(byte[] b, int off, int len)	주어진 배열 b에 저장된 내용 중에서 off번째부터 len개 만큼만 읽어서 출력소스에 쓴다.

2.2 ByteArrayInputStream과 ByteArrayOutputStream

- 바이트배열(byte[])에 데이터를 입출력하는 바이트기반 스트림

```java
import java.io.*;
import java.util.Arrays;

class IOEx1 {
    public static void main(String[] args) {
        byte[] inSrc = {0,1,2,3,4,5,6,7,8,9};
        byte[] outSrc = null;

        ByteArrayInputStream input = null;
        ByteArrayOutputStream output = null;

        input = new ByteArrayInputStream(inSrc);
        output = new ByteArrayOutputStream();

        int data = 0;

        while((data = input.read())!=-1) {
            output.write(data);  // void write(int b)
        }

        outSrc = output.toByteArray(); // 스트림의 내용을 byte배열로 반환한다.

        System.out.println("Input Source :" + Arrays.toString(inSrc));
        System.out.println("Output Source :" + Arrays.toString(outSrc));
    }
}
```

```
(data = input.read()) !=-1

① data = input.read()    // read()를 호출한 반환값을 변수 data에 저장한다.
② data != -1             // data에 저장된 값이 -1이 아닌지 비교한다.
```

abstract int read()	1 byte를 읽어 온다(0~255사이의 값). 더 이상 읽어 올 데이터가 없으면 -1 을 반환한다.

[실행결과]
```
Input Source  :[0, 1, 2, 3, 4, 5, 6, 7, 8, 9]
Output Source :[0, 1, 2, 3, 4, 5, 6, 7, 8, 9]
```

527

2.2 ByteArrayInputStream과 ByteArrayOutputStream

```java
import java.io.*;
import java.util.Arrays;

class IOEx3 {
    public static void main(String[] args) {
        byte[] inSrc = {0,1,2,3,4,5,6,7,8,9};
        byte[] outSrc = null;

        byte[] temp = new byte[4];  // 이전 예제와 배열의 크기가 다르다.

        ByteArrayInputStream input = null;
        ByteArrayOutputStream output = null;

        input = new ByteArrayInputStream(inSrc);
        output = new ByteArrayOutputStream();

        try {
            while(input.available() > 0) {
                input.read(temp);
                output.write(temp);
            }
        } catch(IOException e) {}

        outSrc = output.toByteArray();

        System.out.println("Input Source  :" + Arrays.toString(inSrc));
        System.out.println("temp          :" + Arrays.toString(temp));
        System.out.println("Output Source :" + Arrays.toString(outSrc));
    }
}
```

[실행결과]
```
Input Source  :[0, 1, 2, 3, 4, 5, 6, 7, 8, 9]
temp          :[8, 9, 6, 7]
Output Source :[0, 1, 2, 3, 4, 5, 6, 7, 8, 9, 6, 7]
```

```
int len = input.read(temp);
output.write(temp, 0, len);
```

[실행결과]
```
Input Source  :[0, 1, 2, 3, 4, 5, 6, 7, 8, 9]
temp          :[8, 9, 6, 7]
Output Source :[0, 1, 2, 3, 4, 5, 6, 7, 8, 9]
```

528

2.3 FileInputStream과 FileOutputStream

- 파일(file)에 데이터를 입출력하는 바이트기반 스트림

생성자	설 명
FileInputStream(String name)	지정된 파일이름(name)을 가진 실제 파일과 연결된 FileInput Stream을 생성한다.
FileInputStream(File file)	파일의 이름이 String이 아닌 File인스턴스로 지정해주어야 하는 점을 제외하고 FileInputStream(String name)와 같다.
FileOutputStream(String name)	지정된 파일이름(name)을 가진 실제 파일과의 연결된 File OutputStream을 생성한다.
FileOutputStream(String name, boolean append)	지정된 파일이름(name)을 가진 실제 파일과 연결된 File OutputStream을 생성한다. 두번째 인자인 append를 true로 하면, 출력 시 기존의 파일내용의 마지막에 덧붙인다. false면, 기존의 파일내용을 덮어쓰게 된다.
FileOutputStream(File file)	파일의 이름을 String이 아닌 File인스턴스로 지정해주어야 하는 점을 제외하고 FileOutputStream(String name)과 같다.

```java
import java.io.*;

class FileCopy {
    public static void main(String args[]) {
        try {
            FileInputStream fis = new FileInputStream(args[0]);
            FileOutputStream fos = new FileOutputStream(args[1]);

            int data =0;
            while((data=fis.read())!=-1) {
                fos.write(data);        // void write(int b)
            }

            fis.close();
            fos.close();
        } catch (IOException e) {
            e.printStackTrace();
        }
    }
}
```

[실행결과]
```
C:\jdk1.5\work\ch14>java FileCopy FileCopy.java FileCopy.bak

C:\jdk1.5\work\ch14>
```

3. 바이트기반 보조스트림

3.1 FilterInputStream과 FilterOutputStream

- 모든 바이트기반 보조스트림의 최고조상
- 보조스트림은 자체적으로 입출력을 수행할 수 없다.

```
protected  FilterInputStream(InputStream in)
public FilterOutputStream(OutputStream out)
```

- 상속을 통해 FilterInputStream/FilterOutputStream의 read()와 write()
를 원하는 기능대로 오버라이딩해야 한다.

```java
public class FilterInputStream extends InputStream {
    protected volatile InputStream in;
    protected FilterInputStream(InputStream in) {
        this.in = in;
    }

    public int read() throws IOException {
        return in.read();
    }
    ...
}
```

FilterInputStream의 자손 - BufferedInputStream, DataInputStream, PushbackInputStream 등
FilterOutputStream의 자손 - BufferedOutputStream, DataOutputStream, PrintStream 등

3.2 BufferedInputStream과 BufferedOutputStream

- 입출력 효율을 높이기 위해 버퍼(byte[])를 사용하는 보조스트림

메서드 / 생성자	설 명
BufferedInputStream(InputStream in, int size)	주어진 InputStream인스턴스를 입력소스(input source)로하며 지정된 크기(byte단위)의 버퍼를 갖는 BufferedInput Stream인스턴스를 생성한다.
BufferedInputStream(InputStream in)	주어진 InputStream인스턴스를 입력소스(input source)로하며 버퍼의 크기를 지정해주지 않으므로 기본적으로 8192 byte 크기의 버퍼를 갖게 된다.

메서드 / 생성자	설 명
BufferedOutputStream(OutputStream out, int size)	주어진 OutputStream인스턴스를 출력소스(output source)로하며 지정된 크기(단위byte)의 버퍼를 갖는 BufferedOutputStream인스턴스를 생성한다.
BufferedOutputStream(OutputStream out)	주어진 OutputStream인스턴스를 출력소스(output source)로하며 버퍼의 크기를 지정해주지 않으므로 기본적으로 8192 byte 크기의 버퍼를 갖게 된다.
flush()	버퍼의 모든 내용을 출력소스에 출력한 다음, 버퍼를 비운다.
close()	flush()를 호출해서 버퍼의 모든 내용을 출력소스에 출력하고, BufferedOutputStream인스턴스가 사용하던 모든 자원을 반환한다.

- 보조스트림을 닫으면 기반스트림도 닫힌다.

```java
public class FilterOutputStream extends OutputStream {
    protected OutputStream out;
    public FilterOutputStream(OutputStream out) {
        this.out = out;
    }
    ...
    public void close() throws IOException {
        try { flush(); } catch (IOException ignored) {}
        out.close(); // 기반 스트림의 close()를 호출한다.
    }
}
```

3.2 BufferedInputStream과 BufferedOutputStream

```java
import java.io.*;

class BufferedOutputStreamEx1 {
    public static void main(String args[]) {
        try {
            FileOutputStream fos = new FileOutputStream("123.txt");
            // BufferedOutputStream의 버퍼 크기를 5로 한다.
            BufferedOutputStream bos = new BufferedOutputStream(fos, 5);
            // 파일 123.txt에 1 부터 9까지 출력한다.
            for(int i='1'; i <= '9'; i++) {
                bos.write(i);
            }

            fos.close();
        } catch (IOException e) {
            e.printStackTrace();
        }
    }
}
```

[실행결과]
```
C:\jdk1.5\work\ch14>java BufferedOutputStreamEx1

C:\jdk1.5\work\ch14>type 123.txt
12345
```

자바 프로그램
BufferedOutputStreamEx1

123.txt

bos.write(i);

BufferedOutputStream

FileOutputStream

3.3 DataInputStream과 DataOutputStream

- 기본형 단위로 읽고 쓰는 보조스트림
- 각 자료형의 크기가 다르므로 출력할 때와 입력할 때 순서에 주의

메서드 / 생성자	설 명	메서드 / 생성자	설 명
DataInputStream(InputStream in)	주어진 InputStream인스턴스를 기반스트림으로 하는 DataInputStream인스턴스를 생성한다.	DataOutputStream(OutputStream out)	주어진 OutputStream인스턴스를 기반스트림으로 하는 DataOutputStream인스턴스를 생성한다.
boolean readBoolean() byte readByte() char readChar() short readShort() int readInt() long readLong() float readFloat() double readDouble()	각 자료형에 알맞은 값들을 읽어 온다. 더 이상 읽을 값이 없으면 EOFException을 발생시킨다.	void writeBoolean(boolean b) void writeByte(int b) void writeChar(int c) void writeShort(int s) void writeInt(int I) void writeLong(long I) void writeFloat(float f) void writeDouble(double d)	각 자료형에 알맞은 값들을 출력한다.
String readUTF()	UTF형식으로 쓰여진 문자를 읽는다. 더 이상 읽을 값이 없으면 EOFException을 발생시킨다.	void writeUTF(String s)	UTF형식으로 문자를 출력한다.
int skipBytes(int n)	현재 읽고 있는 위치에서 지정된 숫자(n) 만큼을 건너 뛴다.	void writeChars(String s)	주어진 문자열을 출력한다. writeChar(char c)메서드를 여러 번 호출한 결과와 같다.
		int size()	지금까지 DataOutputStream에 쓰여진 byte의 수를 알려 준다.

3.4 SequenceInputStream

- 여러 입력스트림을 연결해서 하나의 스트림처럼 다룰 수 있게 해준다.

메서드 / 생성자	설 명
SequenceInputStream(Enumeration e)	Enumeration에 저장된 순서대로 입력스트 림을 하나의 스트림으로 연결한다.
SequenceInputStream(InputStream s1, InputStream s2)	두 개의 입력스트림을 하나로 연결한다.

```
[사용예1]
Vector files = new Vector();
files.add(new FileInputStream("file.001"));
files.add(new FileInputStream("file.002"));
SequenceInputStream in = new SequenceInputStream(files.elements());
```

```
[사용예2]
FileInputStream file1 = new FileInputStream("file.001");
FileInputStream file2 = new FileInputStream("file.002");
SequenceInputStream in = new SequenceInputStream(file1, file2);
```

3.5 PrintStream (1/2)

- 데이터를 다양한 형식의 문자로 출력하는 기능을 제공하는 보조스트림
- System.out과 System.err이 PrintStream이다.
- PrintStream보다 PrintWriter를 사용할 것을 권장한다.

생성자 / 메서드	설 명
PrintStream(File file) PrintStream(File file, String csn) PrintStream(OutputStream out) PrintStream(OutputStream out,boolean autoFlush) PrintStream(OutputStream out,boolean autoFlush, String encoding) PrintStream(String fileName) PrintStream(String fileName, String csn)	지정된 출력스트림을 기반으로 하는 PrintStream인스턴 스를 생성한다. autoFlush의 값을 true로 하면 println메 서드가 호출되거나 개행문자가 출력될 때 자동으로 flush된다. 기본값은 false이다.
boolean checkError()	스트림을 flush하고 에러가 발생했는지를 알려 준다.
void print(boolean b)　void println(boolean b) void print(char c)　void println(char c) void print(char[] c)　void println(char[] c) void print(double d)　void println(double d) void print(float f)　void println(float f) void print(int i)　void println(int I) void print(long I)　void println(long I) void print(Object o)　void println(Object o) void print(String s)　void println(String s)	인자로 주어진 값을 출력소스에 문자로 출력한다. println메서드는 출력 후 줄바꿈을 하고, print메서드는 줄을 바꾸지 않는다.
void println()	줄바꿈 문자(line separator)를 출력함으로써 줄을 바꾼다.
PrintStream printf(String format, Object... args)	정형화된(formatted) 출력을 가능하게 한다.
protected void setError()	작업 중에 오류가 발생했음을 알린다.(setError()를 호출 한 후에, checkError()를 호출하면 true를 반환한다.)

3.5 PrintStream (2/2)

format	설 명	결 과(int i=65)
%d	10진수(decimal integer)	65
%o	8진수(octal integer)	101
%x	16진수(hexadecimal integer)	41
%c	문자	A
%s	문자열	65
%5d	5자리 숫자. 빈자리는 공백으로 채운다.	65
%-5d	5자리 숫자. 빈자리는 공백으로 채운다.(왼쪽 정렬)	65
%05d	5자리 숫자. 빈자리는 0으로 채운다.	00065

format	설 명	결 과
%s	문자열(string)	ABC
%5s	5자리 문자열. 빈자리는 공백으로 채운다.	ABC
%-5s	5자리 문자열. 빈자리는 공백으로 채운다.(왼쪽 정렬)	ABC

format	설 명	결과
%e	지수형태표현(exponent)	1.234568e+03
%f	10진수(decimal float)	1234.56789
%3.1f	출력될 자리수를 최소 3자리(소수점포함), 소수점 이하 1자리(2번째 자리에서 반올림)	1234.6
%8.1f	소수점이상 최소 6자리, 소수점 이하 1자리. 출력될 자리수를 최소 8자리(소수점포함)를 확보한다. 빈자리는 공백으로 채워진다.(오른쪽 정렬)	1234.6
%08.1f	소수점이상 최소 6자리, 소수점 이하 1자리. 출력될 자리수를 최소 8자리(소수점포함)를 확보한다. 빈자리는 0으로 채워진다.	001234.6
%-8.1f	소수점이상 최소 6자리, 소수점 이하 1자리. 출력될 자리수를 최소 8자리(소수점포함)를 확보한다. 빈자리는 공백으로 채워진다.(왼쪽 정렬) 1234.6	1234.6

format	설 명
\t	탭(tab)
\n	줄바꿈 문자(new line)
%%	%

format	설 명	결 과
%tR %tH:%tM	시분(24시간)	21:05 21:05
%tT %tH:%tM:%tS	시분초(24시간)	21:05:33 21:05:33
%tD %tm/%td/%ty	연월일	02/16/07 02/16/07
%tF %tY-%tm-%td	연월일	2007-02-16 2007-02-16

4. 문자기반 스트림

4.1 Reader와 Writer

▶ Reader(문자기반 입력스트림의 최고 조상)의 메서드

메서드	설 명
abstract void close()	입력스트림을 닫음으로써 사용하고 있던 자원을 반환한다.
void mark(int readlimit)	현재위치를 표시해놓는다. 후에 reset()에 의해서 표시해 놓은 위치로 다시 돌아갈 수 있다.
boolean markSupported()	mark()와 reset()을 지원하는지를 알려 준다.
int read()	입력소스로부터 하나의 문자를 읽어 온다. char의 범위인 0~65535범위의 정수를 반환하며, 입력스트림의 마지막 데이터에 도달하면, -1을 반환한다.
int read(char[] c);	입력소스로부터 매개변수로 주어진 배열 c의 크기만큼 읽어서 배열 c에 저장한다. 읽어 온 데이터의 개수 또는 -1을 반환한다.
abstract int read(char[] c, int off, int len)	입력소스로부터 최대 len개의 문자를 읽어서 , 배열 c의 지정된 위치(off)부터 읽은 만큼 저장한다. 읽어 온 데이터의 개수 또는 -1을 반환한다.
boolean ready()	입력소스로부터 데이터를 읽을 준비가 되어있는지 알려 준다.
void reset()	입력소스에서의 위치를 마지막으로 mark()가 호출되었던 위치로 되돌린다.
long skip(long n)	현재 위치에서 주어진 문자 수(n)만큼을 건너뛴다.

▶ Writer(문자기반 출력스트림의 최고 조상)의 메서드

메서드	설 명
abstract void close()	출력스트림를 닫음으로써 사용하고 있던 자원을 반환한다.
abstract void flush()	스트림의 버퍼에 있는 모든 내용을 출력소스에 쓴다.(버퍼가 있는 스트림에만 해당됨)
void write(int b)	주어진 값을 출력소스에 쓴다.
void write(char[] c)	주어진 배열 c에 저장된 모든 내용을 출력소스에 쓴다.
abstract void write(char[] c, int off, int len)	주어진 배열 c에 저장된 내용 중에서 off번째부터 len길이만큼만 출력소스에 쓴다.
void write(String str)	주어진 문자열(str)을 출력소스에 쓴다.
void write(String str, int off, int len)	주어진 문자열(str)의 일부를 출력소스에 쓴다.(off번째 문자부터 len개 만큼의 문자열)

4.2 FileReader와 FileWriter

- 문자기반의 파일 입출력. 텍스트 파일의 입출력에 사용한다.

```
import java.io.*;

class FileReaderEx1 {
    public static void main(String args[]) {
        try {
            String fileName = "test.txt";
            FileInputStream fis = new FileInputStream(fileName);
            FileReader fr = new FileReader(fileName);

            int data =0;
            // FileInputStream을 이용해서 파일내용을 읽어 화면에 출력한다.
            while((data=fis.read())!=-1) {
                System.out.print((char)data);
            }
            System.out.println();
            fis.close();

            // FileReader를 이용해서 파일내용을 읽어 화면에 출력한다.
            while((data=fr.read())!=-1) {
                System.out.print((char)data);
            }
            System.out.println();
            fr.close();

        } catch (IOException e) {
                e.printStackTrace();
        }
    } // main
}
```

[실행결과]

```
C:\jdk1.5\work\ch14>type test.txt
Hello, 안녕하세요?

C:\jdk1.5\work\ch14>java FileReaderEx1
Hello, ¾?³???¼¼¿??
Hello, 안녕하세요?
```

4.3 PipedReader와 PipedWriter

- 프로세스(쓰레드)간의 통신(데이터를 주고 받음)에 사용한다.

```java
class InputThread extends Thread {
    PipedReader input = new PipedReader();
    StringWriter sw = new StringWriter();

    InputThread(String name) { super(name); }

    public void run() {
        try {
            int data = 0;

            while((data=input.read()) != -1) {
                sw.write(data);
            }
            System.out.println(getName()
             + " received : " + sw.toString());
        } catch(IOException e) {}
    } // run

    public PipedReader getInput() { return input; }

    public void connect(PipedWriter output) {
        try {
            input.connect(output);
        } catch(IOException e) {}
    } // connect
}
```

[실행결과]
```
OutputThread sent : Hello
InputThread received : Hello
```

```java
class OutputThread extends Thread {
    PipedWriter output = new PipedWriter();

    OutputThread(String name) { super(name); }

    public void run() {
        try {
            String msg = "Hello";
            System.out.println(getName()
                + " sent : " + msg);
            output.write(msg);
            output.close();
        } catch(IOException e) {}
    } // run

    public PipedWriter getOutput() { return output; }

    public void connect(PipedReader input) {
        try {
            output.connect(input);
        } catch(IOException e) {}
    } // connect
}
```

```java
public static void main(String args[]) {
    InputThread inThread = new InputThread("InputThread");
    OutputThread outThread = new OutputThread("OutputThread");
    //PipedReader와 PipedWriter를 연결한다.
    inThread.connect(outThread.getOutput());
    inThread.start(); outThread.start();
} // main
```

4.4 StringReader와 StringWriter

- CharArrayReader, CharArrayWriter처럼 메모리의 입출력에 사용한다.
- StringWriter에 출력되는 데이터는 내부의 StringBuffer에 저장된다.

StringBuffer getBuffer() : StringWriter에 출력한 데이터가 저장된 StringBuffer를 반환한다.
String toString() : StringWriter에 출력된 (StringBuffer에 저장된) 문자열을 반환한다.

```java
import java.io.*;

class StringReaderWriterEx {
    public static void main(String[] args) {
        String inputData = "ABCD";
        StringReader input = new StringReader(inputData);
        StringWriter output = new StringWriter();

        int data = 0;

        try {
            while((data = input.read())!=-1) {
                output.write(data);   // void write(int b)
            }
        } catch(IOException e) {}

        System.out.println("Input Data  :" + inputData);
        System.out.println("Output Data :" + output.toString());
//      System.out.println("Output Data :" + output.getBuffer().toString());
    }
}
```

[실행결과]
```
Input Data  :ABCD
Output Data :ABCD
```

5. 문자기반 보조스트림

5.1 BufferedReader와 BufferedWriter

- 입출력 효율을 높이기 위해 버퍼(char[])를 사용하는 보조스트림
- 라인(line)단위의 입출력이 편리하다.

> **String readLine()** - 한 라인을 읽어온다. (**BufferedReader**의 메서드)
> **void newLine()** - '라인 구분자(개행문자)'를 출력한다. (**BufferedWriter**의 메서드)

```java
import java.io.*;

class BufferedReaderEx1 {
    public static void main(String[] args) {
        try {
            FileReader fr = new FileReader("BufferedReaderEx1.java");
            BufferedReader br = new BufferedReader(fr);

            String line = "";
            for(int i=1; (line = br.readLine())!=null;i++) {
                // ";"를 포함한 라인을 출력한다.
                if(line.indexOf(";")!=-1)
                    System.out.println(i+":"+line);
            }

            br.close();
        } catch(IOException e) {}
    } // main
}
```

[실행결과]
```
1:import java.io.*;
6:          FileReader fr = new FileReader("BufferedReaderEx1.java");
7:          BufferedReader br = new BufferedReader(fr);
9:          String line = "";
10:         for(int i=1; (line = br.readLine())!=null;i++) {
11:             // ";"를 포함한 라인을 출력한다.
12:             if(line.indexOf(";")!=-1)
13:                 System.out.println(i+":"+line);
```

5.2 InputStreamReader와 OutputStreamWriter

- 바이트기반스트림을 문자기반스트림처럼 쓸 수 있게 해준다.
- 인코딩(encoding)을 변환하여 입출력할 수 있게 해준다.

생성자 / 메서드	설 명
InputStreamReader(InputStream in)	OS에서 사용하는 기본 인코딩의 문자로 변환하는 InputStreamReader를 생성한다.
InputStreamReader(InputStream in, String encoding)	지정된 인코딩을 사용하는 InputStreamReader를 생성한다.
String getEncoding()	InputStreamReader의 인코딩을 알려 준다.

생성자 / 메서드	설 명
OutputStreamWriter(OutputStream in)	OS에서 사용하는 기본 인코딩의 문자로 변환하는 OutputStreamWriter를 생성한다.
OutputStreamWriter(OutputStream in, String encoding)	지정된 인코딩을 사용하는 OutputStreamWriter를 생성한다.
String getEncoding()	OutputStreamWriter의 인코딩을 알려 준다.

- **콘솔(console, 화면)로부터 라인단위로 입력받기**

```
InputStreamReader isr = new InputStreamReader(System.in);
BufferedReader br = new BufferedReader(isr);
String line = br.readLine();
```

- **인코딩 변환하기**

```
Properties prop = System.getProperties();
System.out.println(prop.get("sun.jnu.encoding"));
```

```
FileInputStream fis = new FileInputStream("korean.txt");
InputStreamReader isr = new InputStreamReader(fis, "KSC5601");
```

---

6. 표준입출력과 File

6.1 표준입출력 – System.in, System.out, System.err

- 콘솔(console, 화면)을 통한 데이터의 입출력을 '표준 입출력'이라 한다.
- JVM이 시작되면서 자동적으로 생성되는 스트림이다.

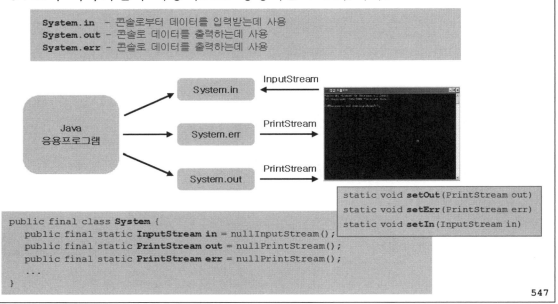

```
System.in  - 콘솔로부터 데이터를 입력받는데 사용
System.out - 콘솔로 데이터를 출력하는데 사용
System.err - 콘솔로 데이터를 출력하는데 사용
```

```
static void setOut(PrintStream out)
static void setErr(PrintStream err)
static void setIn(InputStream in)
```

```java
public final class System {
    public final static InputStream in = nullInputStream();
    public final static PrintStream out = nullPrintStream();
    public final static PrintStream err = nullPrintStream();
    ...
}
```

6.2 RandomAccessFile

- 하나의 스트림으로 파일에 입력과 출력을 모두 수행할 수 있는 스트림
- 다른 스트림들과 달리 Object의 자손이다.

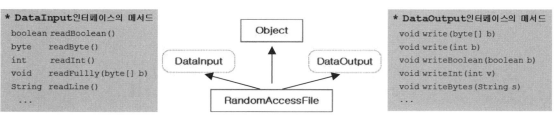

* **DataInput**인터페이스의 메서드
```
boolean readBoolean()
byte    readByte()
int     readInt()
void    readFullly(byte[] b)
String  readLine()
 ...
```

* **DataOutput**인터페이스의 메서드
```
void write(byte[] b)
void write(int b)
void writeBoolean(boolean b)
void writeInt(int v)
void writeBytes(String s)
 ...
```

생성자 / 메서드	설 명
RandomAccessFile(File file, String mode) RandomAccessFile(String fileName, String mode)	주어진 file에 읽기 또는 읽기와 쓰기를 하기 위한 RandomAccessFile인 스턴스를 생성한다. mode에는 "r"과 "rw" 두 가지 값이 지정가능하다. "r" - 파일로부터 읽기(r)만을 수행할 때 "rw" - 파일에 읽기(r)와 쓰기(w)
long getFilePointer()	파일 포인터의 위치를 알려 준다.
long length()	파일의 크기를 얻을 수 있다.(단위 byte)
void seek(long pos)	파일 포인터의 위치를 변경한다. 위치는 파일의 첫 부분부터 pos크기만큼 떨어진 곳이다.(단위 byte)
void setLength(long newLength)	파일의 크기를 지정된 길이로 변경한다.(byte단위)
int skipBytes(int n)	지정된 수만큼의 byte를 건너뛴다.

6.3 File (1/2) – 생성자와 경로관련 메서드

- 파일과 디렉토리를 다루는데 사용되는 클래스

생성자 / 메서드	설 명
File(String fileName)	주어진 문자열(fileName)을 이름으로 갖는 파일을 위한 File인스턴스를 생성한다. 파일 뿐만 아니라 디렉토리도 같은 방법으로 다룬다. 여기서 fileName은 주로 경로(path)를 포함해서 지정해주지만, 파일 이름만 사용해도 되는 데 이 경우 프로그램이 실행되는 위치가 경로(path)로 간주된다.
File(String pathName, String fileName) File(File pathName, String fileName)	파일의 경로와 이름을 따로 분리해서 지정할 수 있도록 한 생성자. 이 중 두 번째 것은 경로를 문자열이 아닌 File인스턴스인 경우를 위해서 제공된 것이다.
String getName()	파일이름을 String으로 반환한다.
String getPath()	파일의 경로(path)를 String으로 반환한다.
String getAbsolutePath() File getAbsoluteFile()	파일의 절대경로를 String으로 반환한다. 파일의 절대경로를 File로 반환한다.
String getParent() File getParentFile()	파일의 조상 디렉토리를 String으로 반환한다. 파일의 조상 디렉토리를 File로 반환한다.
String getCanonicalPath() File getCanonicalFile()	파일의 정규경로를 String으로 반환한다. 파일의 정규경로를 File로 반환한다.

멤버변수	설 명
static String pathSeparator	OS에서 사용하는 경로(path) 구분자. 윈도우 ";", 유닉스 ":"
static char pathSeparatorChar	OS에서 사용하는 경로(path) 구분자. 윈도우에서는 ';', 유닉스 ':'
static String separator	OS에서 사용하는 이름 구분자. 윈도우 "₩", 유닉스 "/"
static char separatorChar	OS에서 사용하는 이름 구분자. 윈도우 '₩', 유닉스 '/'

6.3 File (1/2) – 생성자와 경로관련 메서드(예제)

```
File f = new File("c:\\jdk1.5\\work\\ch14\\FileEx1.java");
String fileName = f.getName();
int pos = fileName.lastIndexOf(".");
```
경로를 제외한 파일이름 - FileEx1.java
확장자를 제외한 파일이름 - FileEx1
확장자 - java

```
System.out.println("경로를 제외한 파일이름 - " + f.getName());
System.out.println("확장자를 제외한 파일이름 - " + fileName.substring(0,pos));
System.out.println("확장자 - " + fileName.substring(pos+1));
```

```
System.out.println("경로를 포함한 파일이름 - " + f.getPath());
System.out.println("파일의 절대경로      - " + f.getAbsolutePath());
System.out.println("파일이 속해 있는 디렉토리 - " + f.getParent());
```

경로를 포함한 파일이름 - c:\jdk1.5\work\ch14\FileEx1.java
파일의 절대경로   - c:\jdk1.5\work\ch14\FileEx1.java
파일의 정규경로   - C:\jdk1.5\work\ch14\FileEx1.java
파일이 속해 있는 디렉토리 - c:\jdk1.5\work\ch14

File.pathSeparator - ;
File.pathSeparatorChar - ;
File.separator - \
File.separatorChar - \

```
       n("File.pathSeparator - " + File.pathSeparator);
System.out.println("File.pathSeparatorChar - " + File.pathSeparatorChar);
System.out.println("File.separator - " + File.separator);
System.out.println("File.separatorChar - " + File.separatorChar);
```

```
System.out.println("user.dir="+System.getProperty("user.dir"));
System.out.println("sun.boot.class.path="+ System.getProperty("sun.boot.class.path"));
```

user.dir=C:\jdk1.5\work\ch14
sun.boot.class.path=C:\jdk1.5\jre\lib\rt.jar;C:\jdk1.5\jre\lib\i18n.jar;C:\j
dk1.5\jre\lib\sunrsasign.jar;C:\jdk1.5\jre\lib\jsse.jar;C:\jdk1.5\jre\lib\jc
e.jar;C:\jdk1.5\jre\lib\charsets.jar;C:\jdk1.5\jre\classes

6.3 File (2/2) – 파일의 속성, 생성, 삭제, 목록

메서드	설 명
boolean canRead()	읽을 수 있는 파일인지 검사한다.
boolean canWrite()	쓸 수 있는 파일인지 검사한다.
boolean exists()	파일이 존재하는지 검사한다.
boolean isAbsolute()	파일 또는 디렉토리가 절대경로명으로 지정되었는지 확인한다.
boolean isDirectory()	디렉토리인지 확인한다.
boolean isFile()	파일인지 확인한다.
boolean isHidden()	파일의 속성이 '숨김(Hidden)'인지 확인한다. 또한 파일이 존재하지 않으면 false를 반환한다.
int compareTo(File pathname)	주어진 파일 또는 디렉토리를 비교한다. 같으면 0을 반환하며, 다르면 1 또는 -1을 반환한다. (Unix시스템에서는 대소문자를 구별하며, Windows에서는 구별하지 않는다.)
boolean createNewFile()	아무런 내용이 없는 새로운 파일을 생성한다.(파일이 이미 존재하면 생성되지 않는다.) File f = new File("c:₩₩jdk1.5₩₩work₩₩test3.java"); f.createNewFile();
static File createTempFile(String prefix, String suffix)	임시파일을 시스템의 임시 디렉토리에 생성한다. System.out.println(File.createTempFile("work", ".tmp")); 결과 : c:₩windows₩TEMP₩work14247.tmp
static File createTempFile(String prefix, String suffix, File directory)	임시파일을 시스템의 지정된 디렉토리에 생성한다.
boolean delete()	파일을 삭제한다.
void deleteOnExit()	응용 프로그램 종료시 파일을 삭제한다. 주로 임시파일을 삭제하는데 사용된다.
boolean equals(Object obj)	주어진 객체(주로 File인스턴스)가 같은 파일인지 비교한다. (Unix시스템에서는 대소문자를 구별하며, Windows에서는 구별하지 않는다.)
long length()	파일의 크기를 반환한다.
String[] list()	디렉토리의 파일목록(디렉토리 포함)을 String배열로 반환한다.
String[] list(FilenameFilter filter)	FilenameFilter인스턴스에 구현된 조건에 맞는 파일을 String배열로 반환한다.
File[] listFiles()	디렉토리의 파일목록(디렉토리 포함)을 File배열로 반환한다.
static File[] listRoots()	컴퓨터의 파일시스템의 root의 목록(floppy, CD-ROM, HDD drive)을 반환한다. (예: A:₩, C:₩, D:₩)

6.3 File (2/2) – 파일의 속성, 생성, 삭제, 목록(예제1)

```
import java.io.*;

class FileEx2 {
    public static void main(String[] args)
    {
        if(args.length != 1) {
            System.out.println("USAGE : java FileEx2 DIR
            System.exit(0);
        }

        File f = new File(args[0]);

        if(!f.exists() || !f.isDirectory()) {
            System.out.println("유효하지 않은 디렉토리입니다.");
            System.exit(0);
        }

        File[] files = f.listFiles();

        for(int i=0; i < files.length; i++) {
            String fileName = files[i].getName();
            System.out.println(
                files[i].isDirectory() ? "["+fileName+"]" : fileName);
        }
    } // main
}
```

```
[실행결과]
C:\jdk1.5\work\ch14>java FileEx2
USAGE : java FileEx2 DIRECTORY

C:\jdk1.5\work\ch14>java FileEx2 work
유효하지 않은 디렉토리입니다.

C:\jdk1.5\work\ch14>java FileEx2 c:\jdk1.5
[bin]
COPYRIGHT
[demo]
[docs]
[include]
jdk-1_5_0-doc.zip
[jre]
[lib]
LICENSE
... 중간생략 ...

C:\jdk1.5\work\ch14>
```

6.3 File (2/2) – 파일의 속성, 생성, 삭제, 목록(예제2)

```java
public static void printFileList(File dir) {
    System.out.println(dir.getAbsolutePath()+" 디렉토리");
    File[] files = dir.listFiles();

    ArrayList subDir = new ArrayList();

    for(int i=0; i < files.length; i++) {
        String filename = files[i].getName();

        if(files[i].isDirectory()) {
            filename = "[" + filename + "]";
            subDir.add(i+"");
        }
        System.out.println(filename);
    }

    int dirNum = subDir.size();
    int fileNum = files.length - dirNum;

    totalFiles += fileNum;
    totalDirs += dirNum;

    System.out.println(fileNum + "개의 파일, " + dirNum + "개의 디렉토리");
    System.out.println();

    for(int i=0; i < subDir.size(); i++) {
        int index = Integer.parseInt((String)subDir.get(i));
        printFileList(files[index]);
    }
} // printFileList
```

```
C:\jdk1.5\work\ch14>java FileEx3 c:\jdk1.5\work\ch14
c:\jdk1.5\work\ch14 디렉토리
FileEx1.java
FileEx2.class
FileEx2.java
...
VectorEx2.java
20개의 파일, 2개의 디렉토리

c:\jdk1.5\work\ch14\temp 디렉토리
FileEx9.class
FileEx9.java
FileEx9.java.bak
result.txt
[temptemp]
[temptemp2]
4개의 파일, 2개의 디렉토리
```

6.3 File (2/2) – 파일의 속성, 생성, 삭제, 목록(예제3)

```java
public static void main(String[] args) {
    String currDir = System.getProperty("user.dir");
    File dir = new File(currDir);

    File[] files = dir.listFiles();

    for(int i=0; i < files.length; i++) {
        File f = files[i];
        String name = f.getName();
        SimpleDateFormat df =new SimpleDateFormat("yyyy-MM-dd HH:mma");
        String attribute = "";
        String size = "";

        if(files[i].isDirectory()) {
            attribute = "DIR";
        } else {
            size = f.length() + "";
            attribute  = f.canRead() ? "R" : " ";
            attribute += f.canWrite() ? "W" : " ";
            attribute += f.isHidden() ? "H" : " ";
        }

        System.out.printf("%s %3s %6s %s\n",df.format(new Date(f.lastModified()))
                                        , attribute, size, name );
    }
}
```

```
[실행결과]
C:\jdk1.5\work\ch14>java FileEx4
2006-11-20 16:39오후 RW    1484 FileEx4.class
2006-11-20 16:39오후 RW    2171 FileEx4.java
2006-11-20 16:38오후 RW    2170 FileEx4.java.bak
...
2006-07-27 17:10오후 DIR       Temp

C:\jdk1.5\work\ch14>
```

7. 직렬화(Serialization)

7.1 직렬화(serialization)란?

- 객체를 '연속적인 데이터'로 변환하는 것. 반대과정은 '역직렬화'라고 한다.
- 객체의 인스턴스변수들의 값을 일렬로 나열하는 것

- 객체를 저장하기 위해서는 객체를 직렬화해야 한다.
- 객체를 저장한다는 것은 객체의 모든 인스턴스변수의 값을 저장하는 것

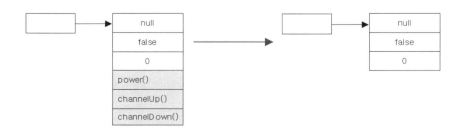

7.2 ObjectInputStream, ObjectOutputStream

- 객체를 직렬화하여 입출력할 수 있게 해주는 보조스트림

```
ObjectInputStream(InputStream in)
ObjectOutputStream(OutputStream out)
```

ObjectOutputStream
void defaultWriteObject()
void write(byte[] buf)
void write(byte[] buf, int off, int len)
void write(int val)
void writeBoolean(boolean val)
void writeByte(int val)
void writeBytes(String str)
void writeChar(int val)
void writeChars(String str)
void writeDouble(double val)
void writeFloat(float val)
void writeInt(int val)
void writeLong(long val)
void writeObject(Object obj)
void writeShort(int val)
void writeUTF(String str)

- 객체를 파일에 저장하는 방법

```
FileOutputStream fos = new FileOutputStream("objectfile.ser");
ObjectOutputStream out = new ObjectOutputStream(fos);

out.writeObject(new UserInfo());
```

- 파일에 저장된 객체를 다시 읽어오는 방법

```
FileInputStream fis = new FileInputStream("objectfile.ser");
ObjectInputStream in = new ObjectInputStream(fis);

UserInfo info = (UserInfo)in.readObject();
```

ObjectInputStream
void defaultReadObject()
int read()
int read(byte[] buf, int off, int len)
boolean readBoolean()
byte readByte()
char readChar()
double readDouble()
float readFloat()
int readInt()
long readLong()
short readShort()
Object readObject()
String readUTF

557

7.3 직렬화 가능한 클래스 만들기(1/2)

- java.io.Serializable을 구현해야만 직렬화가 가능하다.

```
public class UserInfo {
    String name;
    String password;
    int age;
}
```
→
```
public class UserInfo
    implements java.io.Serializable {
    String name;
    String password;
    int age;
}
```

```
public interface Serializable { }
```

- 제어자 transient가 붙은 인스턴스변수는 직렬화 대상에서 제외된다.

```
public class UserInfo implements Serializable {
    String name;
    transient String password;  // 직렬화 대상에서 제외된다.
    int age;
}
```

- Serializable을 구현하지 않은 클래스의 인스턴스도 직렬화 대상에서 제외

```
public class UserInfo implements Serializable {
    String name;
    transient String password;
    int age;

    Object obj = new Object();  // Object객체는 직렬화할 수 없다.
}
```

558

7.3 직렬화 가능한 클래스 만들기(2/2)

- Serializable을 구현하지 않은 조상의 멤버들은 직렬화 대상에서 제외된다.

```
public class SuperUserInfo {
    String name;      // 직렬화되지 않는다.
    String password; // 직렬화되지 않는다.
}

public class UserInfo extends SuperUserInfo implements Serializable {
    int age;
}
```

- readObject()와 writeObject()를 오버라이딩하면 직렬화를 마음대로...

```
private void writeObject(ObjectOutputStream out)
    throws IOException {
    out.writeUTF(name);
    out.writeUTF(password);
    out.defaultWriteObject();
}
```

```
private void readObject(ObjectInputStream in)
        throws IOException, ClassNotFoundException {
    name = in.readUTF();
    password = in.readUTF();
    in.defaultReadObject();
}
```

7.4 직렬화 가능한 클래스의 버전관리

- 직렬화했을 때와 역직렬화했을 때의 클래스가 같은지 확인할 필요가 있다.

```
java.io.InvalidClassException: UserInfo; local class incompatible: stream
classdesc  serialVersionUID  =  6953673583338942489,  local  class
serialVersionUID = -6256164443556992367
...
```

- 직렬화할 때, 클래스의 버전(serialVersionUID)을 자동계산해서 저장한다.
- 클래스의 버전을 수동으로 관리하려면, 클래스 내에 정의해야 한다.

```
class MyData  implements java.io.Serializable {
    static final long serialVersionUID = 3518731767529258119L;
    int value1;
}
```

- serialver.exe는 클래스의 serialVersionUID를 자동생성해준다.

```
C:\jdk1.5\work\ch14>serialver MyData
MyData:    static final long serialVersionUID = 3518731767529258119L;
```

Java의 정석

제 16 장
네트워킹(Networking)

---

1. 네트워킹(Networking)

1.1 클라이언트/서버(client/server)

- 컴퓨터간의 관계를 역할(role)로 구분하는 개념
- 서비스를 제공하는 쪽이 서버, 제공받는 쪽이 클라이언트가 된다.
- 제공하는 서비스의 종류에 따라 메일서버(email server), 파일서버(file server), 웹서버(web server) 등이 있다.
- 전용서버를 두는 것을 '서버기반 모델', 전용서버없이 각 클라이언트가 서버역할까지 동시에 수행하는 것을 'P2P 모델'이라고 한다.

서버기반 모델(server-based model)	P2P 모델(peer-to-peer model)
- 안정적인 서비스의 제공이 가능하다. - 공유 데이터의 관리와 보안이 용이하다. - 서버구축비용과 관리비용이 든다.	- 서버구축 및 운용비용을 절감할 수 있다. - 자원의 활용을 극대화 할 수 있다. - 자원의 관리가 어렵다. - 보안이 취약하다.

1.2 IP주소(IP address)

- 컴퓨터(host, 호스트)를 구별하는데 사용되는 고유한 주소값
- 4 byte의 정수로 'a.b.c.d'와 같은 형식으로 표현.(a,b,c,d는 0~255의 정수)
- IP주소는 네트워크주소와 호스트주소로 구성되어 있다.

192	168	10	100
1 1 0 0 0 0 0 0	1 0 1 0 1 0 0 0	0 0 0 0 1 0 1 0	0 1 1 0 0 1 0 0
네트워크 주소			호스트 주소

- 네트워크주소가 같은 두 호스트는 같은 네트워크에 존재한다.
- IP주소와 서브넷마스크를 '&'연산하면 네트워크주소를 얻는다.

서브넷 마스크(Subnet Mask)

255	255	255	0
1 1 1 1 1 1 1 1	1 1 1 1 1 1 1 1	1 1 1 1 1 1 1 1	0 0 0 0 0 0 0 0

	1 1 0 0 0 0 0 0	1 0 1 0 1 0 0 0	0 0 0 0 1 0 1 0	0 1 1 0 0 1 0 0
&	1 1 1 1 1 1 1 1	1 1 1 1 1 1 1 1	1 1 1 1 1 1 1 1	0 0 0 0 0 0 0 0
	1 1 0 0 0 0 0 0	1 0 1 0 1 0 0 0	0 0 0 0 1 0 1 0	0 0 0 0 0 0 0 0

1.3 InetAddress

- IP주소를 다루기 위한 클래스

메서드	설명
byte[] getAddress()	IP주소를 byte배열로 반환한다.
static InetAddress[] getAllByName(String host)	도메인명(host)에 지정된 모든 호스트의 IP주소를 배열에 담아 반환한다.
static InetAddress getByAddress(byte[] addr)	byte배열을 통해 IP주소를 얻는다.
static InetAddress getByName(String host)	도메인명(host)을 통해 IP주소를 얻는다.
String getCanonicalHostName()	FQDN(fully qualified domain name)을 반환한다.
String getHostAddress()	호스트의 IP주소를 반환한다.
String getHostName()	호스트의 이름을 반환한다.
static InetAddress getLocalHost()	지역호스트의 IP주소를 반환한다.
boolean isMulticastAddress()	IP주소가 멀티캐스트 주소인지 알려준다.
boolean isLoopbackAddress()	IP주소가 loopback 주소(127.0.0.1)인지 알려준다.

```
InetAddress ip = InetAddress.getByName("www.naver.com");
```

```
getHostName() :www.naver.com
getHostAddress() :222.122.84.200
toString() :www.naver.com/222.122.84.200
getAddress() :[-34, 122, 84, -56]
getAddress()+256 :222.122.84.200.
```

```
InetAddress ip = InetAddress.getLocalHost();
```

```
getHostName() :mycom
getHostAddress() :192.168.10.100
```

```
InetAddress[] ipArr = InetAddress.getAllByName("www.naver.com");
```

```
ipArr[0] :www.naver.com/222.122.84.200
ipArr[1] :www.naver.com/222.122.84.250
ipArr[2] :www.naver.com/61.247.208.6
```

1.4 URL(Uniform Resource Locator)

- 인터넷에 존재하는 서버들의 자원에 접근할 수 있는 주소.

http://www.codechobo.com:80/sample/hello.html?referer=javachobo#index1

프로토콜 : 자원에 접근하기 위해 서버와 통신하는데 사용되는 통신규약(http)
호스트명 : 자원을 제공하는 서버의 이름(www.javachobo.com)
포트번호 : 통신에 사용되는 서버의 포트번호(80)
경로명 : 접근하려는 자원이 저장된 서버상의 위치(/sample/)
파일명 : 접근하려는 자원의 이름(hello.html)
쿼리(query) : URL에서 '?'이후의 부분(referer=javachobo)
참조(anchor) : URL에서 '#'이후의 부분(index1)

```
URL url = new URL("http://www.javachobo.com/sample/hello.html");
URL url = new URL("www.javachobo.com", "/sample/hello.html");
URL url = new URL("http","www.javachobo.com",80,"/sample/hello.html");
```

```
url.getAuthority():www.javachobo.com:80
url.getContent():sun.net.www.protocol.http.HttpURLConnection$HttpInputStream@c17164
url.getDefaultPort():80
url.getPort():80
url.getFile():/sample/hello.html?referer=javachobo
url.getHost():www.javachobo.com
url.getPath():/sample/hello.html
url.getProtocol():http
url.getQuery():referer=javachobo
url.getRef():index1
url.getUserInfo():null
url.toExternalForm():http://www.javachobo.com:80/sample/hello.html?referer=javachobo#index1
url.toURI():http://www.javachobo.com:80/sample/hello.html?referer=javachobo#index1
```

1.5 URLConnection(1/4)

- 애플리케이션과 URL간의 통신연결을 위한 추상 클래스

메서드	설명
void addRequestProperty(String key, String value)	지정된 키와 값을 RequestProperty에 추가한다. 기존에 같은 키가 있어도 값을 덮어쓰지 않는다.
void connect()	URL에 지정된 자원에 대한 통신연결을 연다.
boolean getAllowUserInteraction()	UserInteraction의 허용여부를 반환한다.
int getConnectTimeout()	연결종료시간을 천분의 일초로 반환한다.
Object getContent()	content객체를 반환한다.
Object getContent(Class[] classes)	content객체를 반환한다.
String getContentEncoding()	content의 인코딩을 반환한다.
int getContentLength()	content의 크기를 반환한다.
String getContentType()	content의 type을 반환한다.
long getDate()	헤더(header)의 date필드의 값을 반환한다.
boolean getDefaultAllowUserInteraction()	defaultAllowUserInteraction의 값을 반환한다.
String getDefaultRequestProperty(String key)	RequestProperty에서 지정된 키의 디폴트 값을 얻는다.
boolean getDefaultUseCaches()	useCache의 디폴트 값을 얻는다.
boolean getDoInput()	doInput필드값을 얻는다.
boolean getDoOutput()	doOutput필드값을 얻는다.
long getExpiration()	자원(URL)의 만료일자를 얻는다.(천분의 일초단위)
FileNameMap getFileNameMap()	FileNameMap(mimetable)을 반환한다.
String getHeaderField(int n)	헤더의 n번째 필드를 읽어온다.
String getHeaderField(String name)	헤더에서 지정된 이름의 필드를 읽어온다.
long getHeaderFieldDate(String name,long Default)	지정된 필드의 값을 날짜값으로 변환하여 반환한다. 필드값이 유효하지 않을 경우 Default값을 반환한다.

1.5 URLConnection(2/4)

메서드	설명
int getHeaderFieldInt(String name,int Default)	지정된 필드의 값을 정수값으로 변환하여 반환한다. 필드값이 유효하지 않을 경우 Default값을 반환한다.
String getHeaderFieldKey(int n)	헤더의 n번째 필드를 읽어온다.
Map getHeaderFields()	헤더의 모든 필드와 값이 저장된 Map을 반환한다.
long getIfModifiedSince()	ifModifiedSince(변경여부)필드의 값을 반환한다.
InputStream getInputStream()	URLConnetion에서 InputStream을 반환한다.
long getLastModified()	LastModified(최종변경일)필드의 값을 반환한디.
OutputStream getOutputStream()	URLConnetion에서 OutputStream을 반환한다.
Permission getPermission()	Permission(허용권한)을 반환한다.
int getReadTimeout()	읽기제한시간의 값을 반환한다.(천분의 일초)
Map getRequestProperties()	RequestProperties에 저장된 (키, 값)을 Map으로 반환한다.
String getRequestProperty(String key)	RequestProperty에서 지정된 키의 값을 반환한다.
URL getURL()	URLConnection의 URL의 반환한다.
boolean getUseCaches()	캐쉬의 사용여부를 반환한다.
String guessContentTypeFromName(String fname)	지정된 파일(fname)의 content-type을 추측하여 반환한다.
String guessContentTypeFromStream(InputStream is)	지정된 입력스트림(is)의 content-type을 추측하여 반환한다.
void setAllowUserInteraction(boolean allowuserinteraction)	UserInteraction의 허용여부를 설정한다.
void setConnectTimeout(int timeout)	연결종료시간을 설정한다.
void setContentHandlerFactory(ContentHandlerFactory fac)	ContentHandlerFactory를 설정한다.
void setDefaultAllowUserInteraction(boolean defaultallowuserinteraction)	UserInteraction허용여부의 기본값을 설정한다.
void setDefaultRequestProperty(String key, String value)	RequestProperty의 기본 키쌍(key-pair)을 설정한다.
void setDefaultUseCaches(boolean defaultusecaches)	캐쉬 사용여부의 기본값을 설정한다.
void setDoInput(boolean doinput)	DoInput필드의 값을 설정한다.
void setDoOutput(boolean dooutput)	DoOutput필드의 값을 설정한다.
void setFileNameMap(FileNameMap map)	FileNameMap을 설정한다.

1.5 URLConnection(3/4)

메서드	설명
void setIfModifiedSince(long ifmodifiedsince)	ModifiedSince필드의 값을 설정한다.
void setReadTimeout(int timeout)	읽기제한시간을 설정한다.(천분의 일초)
void setRequestProperty(String key, String value)	RequestProperty에 (key, value)를 저장한다.
void setUseCaches(boolean usecaches)	캐쉬의 사용여부를 설정한다.

```
conn.toString():sun.net.www.protocol.http.HttpURLConnection:http://www.javachobo.com/sample/hello.html
getAllowUserInteraction():false
getConnectTimeout():0
getContent():sun.net.www.protocol.http.HttpURLConnection$HttpInputStream@61de33
getContentEncoding():null
getContentLength():174
getContentType():text/html
getDate():1189338850000
getDefaultAllowUserInteraction():false
getDefaultUseCaches():true
getDoInput():true
getDoOutput():false
getExpiration():0
getHeaderFields():{Content-Length=[174],    Connection=[Keep-Alive],    ETag=["12e391-ae-46dad401"],
Date=[Sun, 09 Sep 2007 11:54:10 GMT], Keep-Alive=[timeout=5, max=60], Accept-Ranges=[bytes], Server=[RC-Web
Server], Content-Type=[text/html], null=[HTTP/1.1 200 OK], Last-Modified=[Sun, 02 Sep 2007 15:17:21 GMT]}
getIfModifiedSince():0
getLastModified():1188746241000
getReadTimeout():0
getURL():http://www.javachobo.com/sample/hello.html
getUseCaches():true
```

1.5 URLConnection(4/4) - 예제

```java
import java.net.*;
import java.io.*;

public class NetworkEx4 {
    public static void main(String args[]) {
        URL url = null;
        BufferedReader input = null;
        String address = "http://www.javachobo.com/sample/hello.html";
        String line = "";

        try {
            url = new URL(address);

            input = new BufferedReader(new InputStreamReader(url.openStream()));

            while((line=input.readLine()) !=null) {
                System.out.println(line);
            }
            input.close();
        } catch(Exception e) {
            e.printStackTrace();
        }
    }
}
```

InputStreamReader(InputStream in, String encoding)
지정된 인코딩을 사용하는 InputStreamReader를 생성한다.

```java
URLConnection conn = url.openConnection();
InputStream in = conn.getInputStream();
```

```html
<!DOCTYPE HTML PUBLIC "-//W3C//DTD HTML 4.0 Transitional//EN">
<HTML>
 <HEAD>
  <TITLE>Sample Document</TITLE>
 </HEAD>
 <BODY>
Hello, everybody.
 </BODY>
</HTML>
```

571

2. 소켓 프로그래밍

2.1 TCP와 UDP

▶ 소켓 프로그래밍이란?
 - 소켓을 이용한 통신 프로그래밍을 뜻한다.
 - 소켓(socket)이란, 프로세스간의 통신에 사용되는 양쪽 끝단(end point)
 - 전화할 때 양쪽에 전화기가 필요한 것처럼, 프로세스간의 통신에서도
    양쪽에 소켓이 필요하다.

▶ TCP와 UDP
 - TCP/IP프로토콜에 포함된 프로토콜. OSI 7계층의 전송계층에 해당

항목	TCP	UDP
연결방식	.연결기반(connection-oriented) - 연결 후 통신(전화기) - 1:1 통신방식	.비연결기반(connectionless-oriented) - 연결없이 통신(소포) - 1:1, 1:n, n:n 통신방식

특징	.데이터의 경계를 구분안함 (byte-stream)
	.신뢰성 있는 데이터 전송
	- 데이터의 전송순서가 보장됨
	- 데이터의 수신여부를 확인함
	  (데이터가 손실되면 재전송됨)
	- 패킷을 관리할 필요가 없음
	.UDP보다 전송속도가 느림
		.데이터의 경계를 구분함.(datagram)
		.신뢰성 없는 데이터 전송
		- 데이터의 전송순서가 바뀔 수 있음
		- 데이터의 수신여부를 확인안함
		  (데이터가 손실되어도 알 수 없음)
		- 패킷을 관리해주어야 함
		.TCP보다 전송속도가 빠름

관련 클래스	.Socket .ServerSocket	.DatagramSocket .DatagramPacket .MulticastSocket

---

2.2 TCP소켓 프로그래밍

 - 클라이언트와 서버간의 1:1 소켓 통신.
 - 서버가 먼저 실행되어 클라이언트의 연결요청을 기다리고 있어야 한다.

   1. 서버는 서버소켓을 사용해서 서버의 특정포트에서 클라이언트의 연결요청을 처리할 준비를 한다.
   2. 클라이언트는 접속할 서버의 IP주소와 포트정보로 소켓을 생성해서 서버에 연결을 요청한다.
   3. 서버소켓은 클라이언트의 연결요청을 받으면 서버에 새로운 소켓을 생성해서 클라이언트의 소켓과
      연결되도록 한다.
   4. 이제 클라이언트의 소켓과 새로 생성된 서버의 소켓은 서버소켓과 관계없이 1:1통신을 한다.

   > Socket - 프로세스간의 통신을 담당하며, InputStream과 OutputStream을 가지고 있다.
   >   이 두 스트림을 통해 프로세스간의 통신(입출력)이 이루어진다.
   > ServerSocket - 포트와 연결(bind)되어 외부의 연결요청을 기다리다 연결요청이 들어오면,
   >   Socket을 생성해서 소켓과 소켓간의 통신이 이루어지도록 한다.
   >   한 포트에 하나의 ServerSocket만 연결할 수 있다.
   >   (프로토콜이 다르면 같은 포트를 공유할 수 있다.)

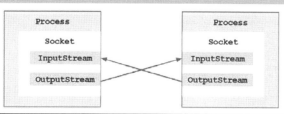

2.2 TCP소켓 프로그래밍 - 예제

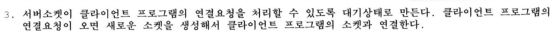

1. 서버프로그램을 실행한다.

   > java.exe TcpIpServer

2. 서버소켓을 생성한다.

   serverSocket = new ServerSocket(7777); // TcpIpServer.java

3. 서버소켓이 클라이언트 프로그램의 연결요청을 처리할 수 있도록 대기상태로 만든다. 클라이언트 프로그램의 연결요청이 오면 새로운 소켓을 생성해서 클라이언트 프로그램의 소켓과 연결한다.

   Socket socket = serverSocket.accept(); // TcpIpServer.java

4. 클라이언트 프로그램(TcpIpClient.java)에서 소켓을 생성하여 서버소켓에 연결을 요청한다.

   Socket socket = new Socket("192.168.10.100",7777); // TcpIpClient.java

5. 서버소켓은 클라이언트 프로그램의 연결요청을 받아 새로운 소켓을 생성하여 클라이언트의 소켓과 연결한다.

   Socket socket = serverSocket.accept(); // TcpIpServer.java

6. 새로 생성된 서버의 소켓(서버소켓 아님)은 클라이언트의 소켓과 통신한다.

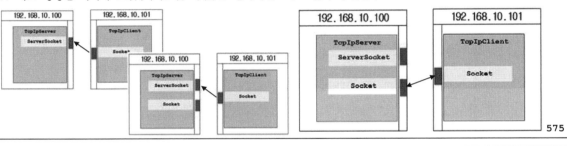

2.3 UDP소켓 프로그래밍

- TCP소켓 프로그래밍에서는 Socket과 ServerSocket을 사용하지만, UDP소켓 프로그래밍에서는 DatagramSocket과 DatagramPacket을 사용.
- UDP는 연결지향적이지 않으므로 연결요청을 받아줄 서버소켓이 필요없다.
- DatagramSocket간에 데이터(DatagramPacket)를 주고 받는다.

```
DatagramSocket socket = new DatagramSocket(7777);
DatagramPacket inPacket, outPacket;

byte[] inMsg = new byte[10];
byte[] outMsg;

while(true) {
    // 데이터를 수신하기 위한 패킷을 생성한다.
    inPacket = new DatagramPacket(;

    // 패킷을 통해 데이터를 수신(receive)한
    socket.receive(inPacket);

    // 수신한 패킷으로 부터 client의 IP주소와 Port를 얻는다.
    InetAddress address = inPacket.getAddress();
    int port = inPacket.getPort();
    ... 중간 생략...
    // 패킷을 생성해서 client에게 전송(send)한다.
    outPacket = new DatagramPacket(outMsg, outMsg.length, address, port);
    socket.send(outPacket);
}
```

```
DatagramSocket datagramSocket = new DatagramSocket();
InetAddress serverAddress = InetAddress.getByName("127.0.0.1");

byte[] msg = new byte[100]; // 데이터가 저장될 공간으로 byte배열을 생성한다.

DatagramPacket outPacket = new DatagramPacket(msg, 1, serverAddress, 7777);
DatagramPacket inPacket = new DatagramPacket(msg, msg.length);

datagramSocket.send(outPacket);    // DatagramPacket을 전송한다.
datagramSocket.receive(inPacket); // DatagramPacket을 수신한다.

System.out.println("current server time :" + new String(inPacket.getData()));
```